中华传统都市文化丛书

总主编　杨晓霭

高楼林立与城市空间

建筑

罗立桂　著

U0271037

兰州大学出版社
LANZHOU UNIVERSITY PRESS

图书在版编目（CIP）数据

高楼林立与城市空间：建筑 / 罗立桂著. -- 兰州：
兰州大学出版社，2015.5（2019.9重印）
（中华传统都市文化丛书 / 杨晓霭主编）
ISBN 978-7-311-04745-0

Ⅰ．①高… Ⅱ．①罗… Ⅲ．①建筑史－研究－中国
Ⅳ．①TU-092

中国版本图书馆CIP数据核字(2015)第106410号

策划编辑　梁建萍
责任编辑　李　丽
封面设计　郁　海

书　　名　**高楼林立与城市空间：建筑**
作　　者　罗立桂　著
出版发行　兰州大学出版社　（地址：兰州市天水南路222号　730000）
电　　话　0931-8912613(总编办公室)　0931-8617156(营销中心)
　　　　　0931-8914298(读者服务部)
网　　址　http://press.lzu.edu.cn
电子信箱　press@lzu.edu.cn
印　　刷　三河市金元印装有限公司
开　　本　710 mm×1020 mm　1/16
印　　张　15.25
字　　数　255千
版　　次　2015年7月第1版
印　　次　2019年9月第3次印刷
书　　号　ISBN 978-7-311-04745-0
定　　价　29.00元

总 序
——都市文化的魅力

杨晓霭

关于城市、都市的定义，人们从政治、经济、军事、社会、地理、历史等不同角度所做的解释已有三十多种。从城市社会学的历史视角考察，城市与都市在概念上的区别就是，都市是人类城市历史发展的高级空间形态。在世界城市化发展进程已有两百多年历史的今天，建设国际化大都市俨然成为人们最为甜美的梦。这正是本丛书命名为"都市文化"的初衷。

什么是都市文化，专家们各执己见。问问日复一日生活在都市中的人们，恐怕谁也很难说得清楚。但是人们用了一个非常形象的比喻来形容，说现代都市就像一口"煮开了的大锅"——沸腾？炽烈？流光溢彩？光怪陆离？恐惧？向往？好奇？神秘？也许有永远说不明白的滋味，有永远难以描摹的情境！无论怎样，只要看到"城市""都市"这样的字眼，从农耕文明中生长、成长起来的人们，一定会有诸多的感叹、赞许。这种感叹、赞许，渗透在人类的血脉中，流淌于民族历史的长河里。

一、远古的歌唱

关于"都""城""市"，翻开词典，看到的解释，与人们想象的一样异彩纷呈。摘抄几条，以资参考。都[dū]:(1)古称建有宗庙的城邑。之所以把建有宗庙的城邑称为"都"，是因为它地位的尊贵。(2)国都，京都。(3)大城市，著名城市。城[chéng]:(1)都邑四周的墙垣。一般分两重，里面的叫城，外面的叫郭。城字单用时，多包含城与郭。城、郭对举时只指城。(2)城池，城市。(3)犹"国"。古代王朝领地、诸侯封地、卿大夫采邑，都以有城垣的都邑为中心，皆可称城。(4)唐要塞设守之处。(5)筑城。(6)守卫城池。市[shì]:(1)临时或定期集中一地进行的贸易活动。(2)指城市中划定的贸易之所或商业区。(3)泛指城中店铺较多的街道或临街的地方。(4)集镇，城镇。(5)现代行政区划单位。(6)泛指城市。(7)比喻人或物类会聚而成的场面。(8)指聚集。(9)做买卖,贸易。(10)引申指为某种目的而进行交易。(11)购买。(12)卖,卖出。把"都""城""市"三个字的意义结合起来,归纳一下,便会看到中心内容在"尊贵""显要""贸易""喧闹",由这些特点所构成的城市文化、都市文化,与乡、野、村、鄙,形成鲜明对照。而且对都、城、市之向往,源远流长,浸润人心。在中国最早的诗歌总集《诗经》中,我们就聆听到了这样的歌唱:

> 文王有声,遹骏有声。遹求厥宁,遹观厥成。文王烝哉!
> 文王受命,有此武功。既伐于崇,作邑于丰。文王烝哉!
> 筑城伊淢,作丰伊匹。匪棘其欲,遹追来孝。王后烝哉!
> 王公伊濯,维丰之垣。四方攸同,王后维翰。王后烝哉!
> 丰水东注,维禹之绩。四方攸同,皇王维辟。皇王烝哉!
> 镐京辟雍,自西自东,自南自北,无思不服。皇王烝哉!
> 考卜维王,宅是镐京。维龟正之,武王成之。武王烝哉!
> 丰水有芑,武王岂不仕? 诒厥孙谋,以燕翼子。武王烝哉!

这首诗中,文王指周王朝的奠基者姬昌。崇为古国名,是商的盟国,在今陕西省西安市沣水西。丰为地名,在今陕西省西安市沣水以西。伊,意为修筑。淢通"洫",指护城河。匹,高亨《诗经今注》中说:"匹,疑作兒,形近而误。兒是貌的古字。貌借为庙。"辟指天子,君主。镐京为西周国都,故址在今陕西省西安市西南沣水东岸。周武王既灭商,自酆徙都于此,谓之宗周,又称西都。芑通"杞",指杞柳,是一种落叶乔木,枝条细长柔韧,可编织箱筐等器物,也称红皮柳。翼子的意思是,翼助子孙。全诗的大意是:

> 文王有声望,美名永传扬。他为天下求安宁,他让国家安泰盛昌。
> 文王真是我们的好君王!
> 文王遵照上天指令,讨伐四方建立武功。举兵攻克崇国,建立都城
> 丰邑。文王真是我们的好君王!
> 筑起高高的城墙,挖出深深的城池,丰邑都城里宗庙高耸巍巍望。
> 不改祖宗好传统,追效祖先树榜样。文王真是我们的好君王!
> 各地公爵四处侯王,犹如丰邑的垣墙。四面八方来归附,辅佐君王
> 成大业。文王真是我们的好君王!
> 丰水向东浩浩荡荡,治水大禹是榜样。四面八方来归附,武王君主
> 承先王。武王真是我们的好君王!
> 镐京里建成辟雍,礼乐推行,教化宣德。从西方向东方,从南面往

北面，没有人不服从我周邦。武王真是我们的好君王！

占卜测问求吉祥，定都镐京好地方。依靠神龟正方位，武王筑城堪颂扬。武王真是我们的好君王！

丰水边上杞柳成行，武王难道不问不察？心怀仁义留谋略，安助子孙享慈爱。武王真是我们的好君王！

研究《诗经》的专家一致认为，这首《文王有声》歌颂的是西周的创业主文王和建立者武王，清人方玉润肯定地说："此诗专以迁都定鼎为言。"(《诗经原始》)文、武二王完成统一大业的丰功伟绩，在周人看来，最值得颂扬的圣明之处就是"作邑于丰"和"宅是镐京"。远在三千多年前的上古，先民们尚处于半游牧、半农耕的生活时期，居无定所，他们总是在耗尽了当地的资源之后，再迁移到其他地方。比如夏部族不断迁徙，被称作"大邑"的地方换了十七处；继夏而起的商，五次迁"都"，频遭乱离征伐之苦。因此，能否建"都"定"都"，享受稳定安逸的生活，成了人民的殷切期望。商朝时"盘庚迁殷"，"百姓由宁"，"诸侯来朝"，传位八代十二王，历时273年，成为历史佳话。正是在长期定居的条件下，兼具象形、会意、形声造字特点的甲骨文出现。文字的发明和使用，使"迁殷"的商代生民率先"有典有册"，引领"中国"跨入文明社会的门槛。而西周首都镐京的确立，被看成是中国远古王朝进入鼎盛时期的标志。"维新"的周人，在因袭殷商文化的同时，力求创新，"制礼作乐"，奠定了中华文化的基础。周平王的迁都洛邑，更是揭开了春秋战国的帷幕，气象恢宏的"百家争鸣"，孔子、老子、庄子等诸子学说的创立，使华夏文化快速跃进以至成熟质变，迈步走向人类文明的"轴心时代"。

一个都城的建设，凝聚着智慧，充满着憧憬。《周礼·冬官·考工记》曰："匠人建国，水地以悬，置槷以悬，眡以景。为规识日出之景与日入之景，昼参诸日中之景，夜考之极星，以正朝夕。匠人营国，方九里，旁三门，国中九经、九纬，经涂九轨。左祖右社，面朝后市，市朝一夫。"(《周礼注疏》，十三经注疏本，中华书局，1986年影印本，第927页)意思是说，匠人建造都城，用立柱悬水法测量地平，用悬绳的方法设置垂直的木柱，用来观察日影，辨别方向。以所树木柱为圆心画圆，记下日出时木柱在圆上的投影与日落时木柱在圆上的投影，这样来确定东西方向。白天参考正中午时的日影，夜里参考北极星，以确定正南北和正东西的方向。匠人营建都城，九里见方，都城的四边每边三门。都城中有九条南北大道、九条东西大道，每条大道可容九辆车并行。王宫门外左边是宗庙，右边是社稷坛；帝王正殿的前面是接见官吏、发号施令的地方——朝廷，后面是集合众人的市朝。每"市"和每"朝"各有百步见方。如此周密的都城体系建构,不能不令人心生敬仰。考古学家指出:"三代虽都在立国前后屡次迁都,其最早的都城却一直保持着祭仪上的崇高地位。如果把那最早的都城比喻作恒星太阳,则后来迁徙往来的都城便好像是行星或卫星那样围绕着恒星运行。再换个说法,三代各代都有一个永恒不变的'圣都',也各有若干迁徙行走的'俗都'。'圣都'是先朝宗庙的永恒基地,而'俗都'虽也是举行日常祭仪所在,却主要是王的政治、经济、军事的领导中心。"(张光直:《考古学专题六讲》,文物出版社,1986年版,第110页)由三代都城精心构设的"规范""规格",不难想象上古时代人们对"城"的重视,以及对其赋予的精神寄托和文化意蕴。"西周、春秋时代,天子的王畿和诸侯的封国,都实行'国''野'对立的乡遂制度。'乡'是指国都及近郊地区的居民组织,或称为'郊'。'遂'是指'乡'以外农业地区的居民组织,或称为'鄙'或'野'。居住于乡的居民叫'国人',具有自由民性质,有参与政治、教育和选拔的权利,有服兵役和劳役的责任。当时军队编制是和'乡'的居民编制相结合的。居于'遂'的居民叫'庶人'或'野人',就是井田上服役的农业生产者。"(杨宽:《中国古代都城制度史研究》,上海人民出版社,2003年版,第40页)国畿高贵,遂野鄙陋,划然分明。也许就是从人们精心构设"都""城"的时候开始,"城"与"乡"便有了巨大的差异,"城里人"和"乡里人"就注定要有不同的命运。于是,缩小城乡差别,成为中国人永久的梦想。

二、理想的挥洒

对都市的向往,挥动生花妙笔而纵情赞美的,莫过于汉、晋的辞赋家。翻开文学发展史,《论都赋》《西都赋》《东都赋》《西京赋》《东京赋》《南都赋》《蜀都赋》《吴都赋》《魏都赋》……一篇篇铺张扬厉的都城大赋,震撼人心,炫人耳目。总会让人情不自禁地要披卷沉思,生发疑问:这些远在两千年前的文人骚客,为什么要如此呕心沥血? 其实答案很简单,人们太喜欢都市了。

"都"居"天下之中",这是就国都、都城而言。即使不是国都之"都城""都市",又何尝不在人们的理想之"中"。都城的繁华、富庶、豪奢、享乐,哪一样不动人心魄、摄人心魂? 而要寄予这份"享受",又怎能绕得开城市? 请看班固《西都赋》的描摹:

> 建金城而万雉,呀周池而成渊。披三条之广路,立十二之通门。内则街衢洞达,闾阎且千,九市开场,货别隧分。入不得顾,车不得旋,阗城溢郭,旁流百廛。红尘四合,烟云相连。于是既庶且富,娱乐无疆。都人士女,殊异乎五方。游士拟于公侯,列肆侈于姬姜。

意思是说，"皇汉"经营的西都长安，城墙坚固得如铜铁所铸，高大得达到了万雉。绕城一周的护城河，挖成了万丈深渊。开辟的大道，从三面城门延伸出来，东西三条，南北三条，宽阔畅达。建立的十二门，与十二地支相应，展现出昼夜十二时的畅通无阻。城内大街小巷，四通八达，住户人家几乎近千。大道两旁，"九市"连环，商店林立，铺面开放。各种各样的货物，分门别类，排列在由通道隔开的各种销售场所。购物的人潮涌动，进到市场，行走其间，人人难以回头观看，车辆更是不能回转。长长的人流，填塞城内，一直拖到城外，还分散到各种店铺作坊，处处比肩。扬起的红尘，在四方升腾，如烟云一般弥漫。整个都城，丰饶富裕，欢娱无边。都市中的男男女女，与东南西北中各地的人完全不同。游人的服饰车乘可与公侯比美，商号店家的奢华超过了姬姓姜姓的贵族。

与班固西都、东都两赋的聘辞相比，西晋左思赋"三都"（《魏都赋》《吴都赋》《蜀都赋》），产生了"洛阳纸贵"的都城效应。"三都赋"在当时的传播，有皇甫谧"称善"，"张载为注《魏都》，刘逵注《吴》《蜀》而序"，"陈留卫权又为思赋作《略解》而序"，"司空张华见而叹"，陆机"绝叹伏，以为不能加也，遂辍笔"不再赋"三都"。唐太宗李世民及其重臣房玄龄等撰《晋书》，于文苑列传立左思传，共830余字，用640余字赞叹左思"三都赋"及《齐都赋》之"辞藻壮丽"。"不好交游，惟以闲居为事"的左思，名扬京城，让有高誉的皇甫谧"称善"，让"太康之杰"的陆机"叹服""辍笔"，让居于司空高位的张华感叹，让全洛阳的豪贵之家竞相传写，这一切与其说是感叹左思的才华，不如说是人们对"魏都之卓荦"、吴都"琴筑并奏，笙竽俱唱"，蜀都"出则连骑，归从百两"的向往与艳羡。都市的富贵荣华、欢娱闲荡，太具有吸引力了！可以想象，当"大手笔"们极尽描摹之能事，炫耀都城美丽、都市欢乐图景的时候，澎湃的激情中洋溢着对都市生活多么深情的憧憬。自古以来，都城便与"繁华""豪奢"联系在一起，城市生活成了"快活""享乐"的代名词。北宋都市生活繁华，浪迹汴京街巷坊曲的柳三变，"忍把浮名，换了浅斟低唱"，一度"奉旨填词"，其词至今尚存210余阕。"针线闲拈伴伊坐"，固然使芳心女儿神往陶醉；"杨柳岸晓风残月"，无时不令人心旌摇曳；而让金主"遂起投鞭渡江之志"的还是那"钱塘自古繁华"：

　　东南形胜，三吴都会，钱塘自古繁华。烟柳画桥，风帘翠幕，参差十万人家。云树绕堤沙，怒涛卷霜雪，天堑无涯。市列珠玑，户盈罗绮，竞豪奢。

　　重湖叠巘清嘉，有三秋桂子，十里荷花。羌管弄晴，菱歌泛夜，嬉嬉钓叟莲娃。千骑拥高牙，乘醉听箫鼓，吟赏烟霞。异日图将好景，归去凤池夸。

柳永挥毫歌颂"三吴都会"的钱塘杭州：东南形胜，湖山清嘉，城市繁荣，市民殷富，官民安逸。"夸"得词中人物精神抖擞，"夸"得词人自己兴高采烈。北宋末叶在东京居住的孟元老，南渡之后，常忆东京繁盛，绍兴年间撰成《东京梦华录》，其间的描摹，与柳永的歌唱，南北映照。孟元老追述都城东京开封府的城市风貌，城池、河道、宫阙、衙署、寺观、桥巷、瓦舍、勾栏，以及朝廷典礼、岁时节令、风土习俗、物产时好、街巷夜市，面面俱到。序中的描摹，令人越发想要观赏那盛名不衰的《清明上河图》。

太平日久，人物繁阜。垂髫之童，但习鼓舞；斑白之老，不识干戈。时节相次，各有观赏。灯宵月夕，雪际花时，乞巧登高，教池游苑。举目则青楼画阁，绣户珠帘。雕车竞驻于天街，宝马争驰于御路。金翠耀目，罗绮飘香。新声巧笑于柳陌花衢，按管调弦于茶坊酒肆。八荒争凑，万国咸通。集四海之珍奇，皆归市易；会寰区之异味，悉在庖厨。花光满路，何限春游？箫鼓喧空，几家夜宴？伎巧则惊人耳目，侈奢则长人精神。瞻天表则元夕教池，拜郊孟享。频观公主下降，皇子纳妃。修造则创建明堂，冶铸则立成鼎鼐。观妓籍则府曹衙罢，内省宴回；看变化则举子唱名，武人换授。仆数十年烂赏叠游，莫知厌足。

"侈奢则长人精神"，一语道破了"市列珠玑，户盈罗绮，竞豪奢"之底气，"烂赏叠游，莫知厌足"之纵情。市场上陈列着珠玉珍宝，家橱里装满了绫罗绸缎，当大家都比着赛着要"炫富"时，每个人该是何等的精神焕发，又是何等的意气洋洋？幻化自古繁华之钱塘，想象太平日久之汴都，试看今日之天下，何处不胜"汴都"，到处都似"钱塘"。纵班固文赡，柳永曲宏，霓虹灯下的曼妙，何以写得明白，唱得清楚？

三、"城""乡"的激荡

（一）乡里人的城市感觉

乡里人进城，感觉当然十分丰富。对这份"感觉"的回忆，令人蓦然回首。我有过一个短暂而幸福的童年。留在记忆深处的片断里，最不能抹去，时时涌现脑海的，就是穿着一身新衣，打扮得光鲜靓丽，牵着姐姐的手，"到街上去"。每到这个时候，总会听到这样的问："到哪里去？""到街上去。""啊，衣裳怎么那么好看呢！颜色亮得很啊！"答话的总是姐姐，看衣服的总是我。我总会用最喜悦的眼光看问话的人，用最自豪的动作扭扭捏捏地扯一扯自己的衣角,再低下头看看鞋袜。接着还会听到一句夸奖:"哟,鞋穿得怎么那么合适呢,是最时兴的啊!"于是"到街上去"就和崭新的衣服、新款的鞋袜连在一起。这也是我这个乡里人最早对"城市"的感觉。牵着姐姐的手到街上,四处"逛"来"逛"去,走得昏头昏脑,于是真正到了"街上"的情形反而没有多少欢乐或痛苦了。和母亲"到街上",是去看戏。看戏对母亲不是一件愉快的事。母亲看戏是为了服从"家长"的安排,而她最担心的还是城里人会说我们是"乡棒"。留给母亲的还有一点"不高兴",就是母亲去看戏总要抱着我,是个"负担"。当我被抱着看戏的时候,戏是什么不知道,看的只是妈妈的脸。看她长长的睫毛、大大的眼睛、棱棱的鼻子、白皙的皮肤。再长大一点,就是看戏园子。朦胧的感觉只是人多啊人真多啊,接着是挤呀挤,在只能看见人的衣服、人挪动着腿的昏暗中,也随着大流迈动自己的脚。如此而已!真正成人了,似乎才懂得了母亲的感受。

曾读过日本人小川和佑著的《东京学》,有一节题作:"东京人都很聪明却心肠很坏……"。而且这个小标题,犹有意味地还加上了一个省略号。为什么会有这个结论,作者分析说:"如果为东京人辩护,这并不是说唯独东京人聪明而心肠坏,那是因为过去只知道在闭锁式共同体内生活的乡下到东京来的人,一味地只在他们归属的共同体之逻辑里思维和行动的缘故。这时候,对方当然企图以过密空间之逻辑将之击败。"(小川和佑:《东京学》,廖为智译,台北一方出版,2002年版)这个反省是深刻的。乡里人进城,回到乡里,最为激烈的反映,恐怕就是说,城里人很坏,那个地方太挤了。我曾经在大都市耳闻目睹过城里人对乡里人的态度,尤其是当车轮滚滚、人流涌动的"高峰"时段。这时候,所有的人,或跑了一天正饿着,或忙了一天正累着。住在城里的想要回家歇息,进城来的人想要找个地方落脚。于是,谁看见谁都不顺眼。恶狠狠地瞪一眼,粗声粗气地骂几句。"城"与"乡"的差别,在这个时候就表现得最明显了。但是,无论怎样的不愉快,过城里人的生活,是乡村人永远的梦;过城里人的生活,可谓是许多乡里人追求生活的终极目标。

20世纪80年代伊始,小说家高晓声发表了中篇小说《陈奂生上城》,把刚刚摘掉"漏斗户主"帽子的陈奂生置于县招待所高级房间里,也即将一个农民安置到高档次的物质文明环境中,以此观照,陈奂生最渴望的是希望提高自己在人们心目中的地位,总想着能"碰到一件大家都不曾经历的事情"。而此事终于在他上城时碰上了:因偶感风寒而坐上了县委书记的汽车,住上了招待所五元钱一夜的高级房间。在心痛和"报复"之余,"忽然心

都市文化的魅力

里一亮"，觉得今后"总算有点自豪的东西可以讲讲了"，"精神陡增，顿时好像高大了许多"。高晓声惟妙惟肖的描写，一针见血，揭示的正是"乡里人"进城的最大愿望，即"希望提高自己在人们心目中的地位"。中国乡村人的生活，真的是太"土"了。著名诗人臧克家有一首最为经典的小诗，题作《三代》，诗云："孩子，在土里洗澡；爸爸，在土里流汗；爷爷，在土里葬埋。"仅用二十一个字，浓缩了乡里人一生与"土"相连的沉重命运。比起头朝黄土背朝天的乡里人的"土"，城里人被乡里人仰望着称为"洋"；比起日复一日，年复一年，忙忙碌碌，永无休闲的乡里人，城里人最为乡里人羡慕的就是"乐"。为了变得"洋气"，为了不那么苦，有一点"乐"，乡里人花几代人的本钱，挣扎着"进城"。

（二）城里人的城市记忆

我曾从陇中的"川里"到了陇南的"山里"，又从陇南的"山里"到了省城的"市里"，在不断变换的旅途中，算一算，大大小小走过了近百个城市，而且还有幸出国，到了欧洲、非洲的一些城市。除生活了三十多年的省城，还曾在北京住了一年，在扬州住了两年，在上海"流动"五个年头，在土耳其的港口城市伊斯坦布尔住了一年半，在祖国宝岛台湾的台中市住了四个月零一周。每一座城市都以其独特的"风格"展示着无穷的魅力，也给我留下了许多难以忘怀的记忆。当我试着想用城里人的感觉来抒写诸多记忆的时候，竟然奇迹般地发现，城里人的城市记忆，也如同乡里人进城一样的复杂。于是，只好抄一些"真正"的城里人所写的城市生活和城市记忆。张爱玲出生在上海公共租界的一幢仿西式豪宅中，逝世于美国加州洛杉矶西木区罗彻斯特大道的公寓，是真正的城里人。她在《公寓生活记趣》中写城市生活，说她喜欢听市声：

> 我喜欢听市声。比我较有诗意的人在枕上听松涛，听海啸，我是非得听见电车响才睡得着觉的。在香港山上，只有冬季里，北风彻夜吹着常青树，还有一点电车的韵味。长年住在闹市里的人大约非得出了城之后才知道他离不了一些什么。城里人的思想，背景是条纹布的慢子，淡淡的白条子便是行驶着的电车——平行的，匀净的，声响的河流，汩汩流入下意识里去。

"市声"的确是城市独有的"风景"，也是城里人最易生发感叹的"记忆"。胡朴安编集《清文观止》，收录了一篇清顺治、康熙年间沙张白的《市声说》。沙张白笔下的"市声"，那就不仅仅是"喜欢"不"喜欢"了。他从鸟声、兽声、人声写到叫卖声、权势声，最终发出自己深深的"叹声"。城市啊，也是百般滋味在心头。

比起市声，最最不能抹去的城市记忆，恐怕就是"街"。一条条多姿多彩的"街"，是一道道流动的风景线，负载着形形色色的风情，讲述着一个个动人的故事，呈现着各种各样的文化。潘毅、余丽文编的《书写城市——香港的身份与文化》，收录了也斯的《都市文化·香港文学·文化评论》一文，文章对都市做了这样的概括："都市是一个包容性的空间。里面不止一种人、一种生活方式、一种价值标准，而是有许多不同的人、生活方式和价值标准。就像一个一个橱窗、复合的商场、毗邻的大厦，不是由一个中心辐射出来，而是彼此并排，互相连接。""都市的发展，影响了我们对时空的观念，对速度和距离的估计，也改变了我们的美感经验。崭新的物质陆续进入我们的视野，物我的关系不断调整，重新影响了我们对外界的认知方法。"读着这些评论的时候，我的脑海里如同上演着一幕幕城市的黑白电影，迅雷般的变迁，灿烂夺目，如梦如幻。

都市是一种历史现象，它是社会经济发展到一定阶段的产物，又是人类文化发展的象征。研究者按都市的主要社会功能，将都市分为工业都市、商业都市、工商业都市、港口都市、文化都市、军事都市、宗教都市和综合多功能都市等等。易中天《读城记》里，叙说了他所认识的政治都城、经济都市、享受都市、休闲都市的特点。诚然，每一个城市都有自己的个性，都有自己的风格，但与都市密切关联着的"繁荣""文明""豪华""享乐"，对任何人都充满诱惑。"都市生活的好处，正在于它可以提供许多可能。"相对于古代都市文化，现代形态的都市文化，通过强有力的政权、雄厚的经济实力、便利的交通运输、快捷的信息网络、强大的传媒系统，以及形形色色的先进设施，对乡镇施加着重大的影响，也产生着无穷的、永恒的魅力。

四、都市文明的馨香

自古以来，乡里人、城里人，在中国文化里就是两个畛域分明的"世界"，因此，缩小城乡差别，决然成为新中国成立后坚定的国策，也俨然成为国家建设的严峻课题。改革开放的东风吹醒催开了一朵娇艳的奇葩，江苏省淮阴市的一个小村庄——华西村，赫然成为"村庄里的都市"，巍然屹立于21世纪的曙光中。"榜样的力量是无穷的。"让中国千千万万个村庄发展成为"村庄里的都市"，这是人民的美好愿望。千千万万个农民，潮水般涌入城市，要成为"城里人"。千千万万个城市，迎接了一批又一批"乡亲"。两股潮水汇聚，潮起潮落，激情澎湃！如何融入城市，建设城市？怎样接纳"乡亲"，共同建设文明？回顾历史，这种汇聚，悠久而漫长，已然成为传统。文化是民族的血脉，是人民的精神家园。文化发展为了人民，文化发展依靠人民。如何有力地弘扬中华传统文化，提高人民文化素养，推动全民精神文化建设，是关乎民族进步的千秋大业。虽然有关文化的书籍层出不穷，但根据一个阶层、一个群体的文化特点，有针对性地进行文化素质培养，从而有目的地融合"雅""俗"文化，较快地提高社区文明层次，在当代中国文化建设中仍然具有十分重要的意义。

自改革开放以来，随着城乡人的频繁往来，大数量的人群流动，尤其如"农民工""打工妹"等大批农民潮水般地进入城市，全国城乡差别大大缩小。面对这样的现实，如何让城里人做好榜样，如何让农村人迅速融入城市生活，在文化层面上给他们提供必要的借鉴，已是刻不容缓的任务，文化工作者责无旁贷。这也正是"中华传统都市文化丛书"编辑出版的必要性和时效性。随着网络的全球化覆盖，世界已进入"地球村"时代，传统意义上的"城市"，已经不是都市文明建设的理想状态，在大都市社会中逐渐形成并不断扩散的新型思维方式、生活方式与价值观念，不仅直接冲毁了中小城市、城镇与乡村固有的传统社会结构与精神文化生态，同时也在全球范围内对当代文化的生产、传播与消费产生着举足轻重的影响。可以说，城市文化与都市文化的区别正在于都市文化所具有的国际化、先进性、影响力。为此，"中华传统都市文化丛书"构设了以下的内容：

传统信仰与城市生活：城隍；

服饰变化与城市形象：服饰；

饮食文化与城市风情：饮食；

高楼林立与城市空间：建筑；

交通变迁与城市发展：交通；

传统礼仪与城市修养：礼仪；

语言规范与城市品位：雅言；

歌舞文艺与城市娱乐：歌舞。

全丛书各册字数约25万，形式活泼，语言浅显，在重视知识性的同时，重视可读性、感染力。书中述写围绕当代城市生活展开，上溯历史，面向当代，各册均以"史"为纲，写出传统，联系现实，目的在于树立文明，为都市文化建设提供借鉴。如梦如幻的都市文化，太丰富，太吸引人了！这里撷取的仅仅是花团锦簇的都市文明中的几片小小花瓣，期盼这几片小小花瓣洋溢着的缕缕馨香浸润人们的心田。

　　我们经常在问什么是文明，人何以有修养？偶然从同事处借到一本何兆武先生的《上学记》，小引中的一段话，令人茅塞顿开。撰写者文靖说："我常常想，人怎样才能像何先生那样有修养，'修养'这个词，其实翻过来说就是'文明'。按照一种说法，文明就是人越来越懂得遵照一种规则生活，因为这种规则，人对自我和欲望有所节制，对他人和社会有所尊重。但是，仅仅是懂得规矩是不够的，他又必须有超越此上的精神和乐趣，使他表现出一种不落俗套的气质。《上学记》里面有一段话我很同意，他说：'一个人的精神生活，不仅仅是逻辑的、理智的，不仅仅是科学的，还有另外一个天地，同样给人以精神和思想上的满足。'可是，这种精神生活需要从小开始，让它成为心底的基石，而不是到了成年以后，再经由一阵风似的恶补，贴在脸面上挂作招牌。"顺着文靖的感叹说下来，关于精神生活需要从小开始的观点，我很同意，精神修养真的是要在心底扎根，然后萌芽、成长，慢慢滋润，才能成为一种不落俗套的气质。我们期盼着……

2015 年元旦

总　序

都市文化的魅力

前　言

人类文明和文化的发展离不开衣、食、住、行四大基本活动,要了解一种文化,就必然要考察这种文化所涉及的物质载体和具体形态。和"住"这一人类活动相关的重要空间形态就是:建筑。了解传统居住文化,自然要从建筑入手。从上古时期构木为巢、掘穴而居的朴拙形态到现代的摩天大楼,建筑样式不断变化,文化就藏身其中。

美国建筑学家沙里宁说过:"让我看看你的城市,我就能说出这个城市居民在文化上追求的是什么。"因此,通过对城市建筑的解读,可以发现都市的文化精神。言说、书写建筑,有着太多的角度,建筑学家、美学家、设计师、艺术家、经济学家、文化大师等,都可以从不同的方向进入建筑,对这一纷繁复杂、内涵丰富的对象"自说自话"。那么,对于一个城市的普通居民、一个城市行走者,甚至是一个旅居者,他们眼中的建筑又是什么样的呢? 这就是本书进入建筑的角度。本书试图以一个普通居住者为立足点,用简练生动、通俗易懂的文字和精美形象的图片,展示他或她眼中看到的、切身感受到的、心中体会到的城市建筑。

前言
QIANYAN

介绍中国古建筑,有两种不同的做法。其一是按照朝代顺序,梳理古建筑发展的脉络;其二是不强调历史发展进程,而是按宫殿、坛庙、园林、住宅等不同建筑类型介绍。由普通城市居民的视角决定,本书不是对一个城市建筑历史的艰难爬梳,也不是对建筑类型学的专业探究,而是将以建筑为中心的城市作为普通人的生活家园,想象走入一座古城,选取城市中与百姓生活息息相关的各种不同功能建筑进行分类介绍。其中有对这类建筑的特征和历史的描述,但更为重要的是想探讨某类建筑中所体现出的人们共有的行为方式和集体意识,这才是建筑真正的文化内涵和传统精神。

"传统"与"都市"是丛书主编拈出的关键词,也是本书写作的指导方针和行文中始终紧扣的字眼。如果在介绍某一类建筑时,涉及"乡村""现代",不是刻意跑题,而是客观情况使然,为了更好地说明"传统"与"都市"而已。

高楼林立与城市空间·建筑

目　录

源远流长说规划

一、从"定城砖"说起

在嘉峪关流传着一个修建关城的传说。相传明正德年间,有一位叫易开占的修关工匠,精通九九算法,所有建筑,只要经他计算,用工用料十分准确和节省。监督修关的官员不信,要他计算嘉峪关用砖数量。易开占经过详细计算后说:"需要九万九千九百九十九块砖。"施工完毕后,结果只剩下一块砖。易开占对监管者说这是定城砖。现在,这块定城砖仍保留在嘉峪关西瓮城门楼后檐台上,旅游者慕名都要来看一看这"最后一块砖"。由此可以看出古人在建筑中严谨、细致、精确、高超的规划设计水平。

图1 嘉峪关城楼定城砖

从一个最简单的建筑物，到建筑物群体集合形成的城市，都离不开人类的规划。李渔曾说：

> 工师之建宅亦然：基址初平，间架未立，先筹何处建厅，何方开户，栋需何木，梁用何材，必俟成局了然，始可挥斤运斧；倘造成一架而后再筹一架，则便于前者不便于后，势必改而就之，未成先毁，犹之筑舍道旁，兼数宅之巨资，不足供一厅一堂之用矣。[1]

他认为修建房屋必须在动工前做好整体规划，屋舍的位置，什么部位用哪种材料，都要提前设计。否则，随心所欲，走一步看一步，屋舍建筑就会失败，这无疑是极大的浪费。

我国的城市规划历史悠久，产生了丰富的具有深厚文化传统和底蕴的规划思想。不管是由聚落慢慢演变而来的城市，还是人为条件下建造的王宫都城，其所在的位置都是经过精心选择而确定的，城市的平面布局和建筑分布也要进行专门规划。中国的城市最初是由居民点发展而来的，原始居民在选择居住地址和建造房屋时的做法和经验，就体现了朴素的规划思想和智慧。西安半坡的原始聚落遗址在渭河的一条支流浐河的岸边，是距今6000多年的一个古老村庄。村落中的建筑布局已有人为的规划。遗址分为三个区：居住区、墓葬区和制陶作坊区。居住区占地面积约3万平方米，位于聚落中心，由一个大的壕沟围起来。墓葬区在大壕沟北边，制陶作坊区在东边。居住区中间还有一条宽2米、深1.5米的小沟将其分成两部分。居住区中心有一座大型的房子，前面有一片空地，像一个"中心广场"，此处应是部落内举行集会、商讨公共事务和举行宗教祭祀的场所。大房子周围散布着一些方形、圆形的小型房子。陕西省考古研究院的王炜林说：

> 半坡时期的人都是规划大师，他们会先挖一个环壕将整个聚落围起来，聚落里的房子门都冲着中心的广场。不像现在的人，都将房子的门朝着向阳的一面；他们是围绕广场做一个向心式的布局，广场是他们最重要的场所，他们可能在那里聚会、祭祀甚至跳舞。[2]

聚落的房子门都开向中间的大房子，除了具有团结在一起的象征意义，另外，也能使聚落更加安全，人们可以相互照应，一有危险情况，便于集中起来，一致对外。这样的方位安排，可以避开冬季寒冷的风，也可以避免夏天

①李渔：《闲情偶寄》，杭州：浙江古籍出版社，1985年版，第4页。

②刘牧洋：《探访陕西杨官寨遗址——这也许是中国最早的城市》，《淮海晚报》（数字报），2009年4月21日，http://old.hynews.net/hhwb/html/2009-04/21/content_115414.htm。

酷热的阳光直射屋内,具有冬暖夏凉的效果,使居住者更加舒适。

　　春秋淹城是我国目前保存最完整最古老的一座地面城池遗址,位于江苏省常州市的武进区。考古学家确认此城建于春秋时期,距今已有2500多年的历史。淹城规模不大,但是建筑形制却较为规整,从里向外由子城、子城河、内城、内城河、外城、外城河依次组成,形成了三城三河相套而成的独特的建筑格局。

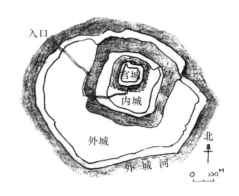

图2　春秋淹城遗址平面布局

有人对淹城遗址三城三河相套的平面布局说得很通俗、明白:"一条环形的小河,包围着一个环形的土堆,土堆里又是一条环形的小河包围着一个小一些的环形土堆,最让人惊奇的是,再往里还是这样,一条小河套着一个面积更小却更高的土堆。"当地流传的一首民谣,也很形象地描绘了淹城的建筑样貌:

　　　　内罗城,外罗城,中间方形紫禁城,三套环河三套城;内河坝,外河坝,通道唯有城西坝,独木舟渡古无坝。[①]

淹城的子城和内城都是方形,子城、内城和外城都只有一个城门出入,而且内城和外城还是靠水道相通。每座城外都有城墙,而且城墙筑得很宽,子城墙和内城墙的基脚宽约30多米,而外城墙基脚宽度达到了40多米。能够看出,淹城在修建之前是经过精心规划设计的,"筑城以卫君,造郭以守民"的造城原则以及军事防御目的无疑在淹城的规划设计中得到了充分的表现,从而影响了城市的建筑布局。

　　在长期的建筑实践中,古人不断总结城市规划的经验,形成了丰富的城市规划思想。我国古代的城市规划思想理论散见于《周易》《尚书》《商君书》《墨子》《诗经》《周礼》《管子》《孙子兵法》《山海经》等著作中,在世界城市建筑史上独具一格,自成体系。最早的城市规划思想形成于周代初年,到了春秋战国时期,城市规划思想逐渐成熟,形成了体现不同思想的城市规划理论。要而言之,中国古代的城市规划主要有三种不同的思想体系:一是以

---

　　①彭适凡、李本明:《三城三河相套而成的古城典型——江苏武进春秋淹城个案探析》,《考古与文物》,2005年第2期。

《考工记》为代表的体现礼制思想的规划布局方式;二是以《管子》等为代表的因地制宜、重环境求实用的规划体系;三是模拟或缩微宇宙图景的"象天法地"规划思想体系。

二、遵循"礼"制　规整布局

中国古代统治者以礼治国,礼制的思想最初成形于周代,《周礼》是中国古代礼制思想的基础。《礼记》中说:

> 夫礼者,所以定亲疏、决嫌疑、别同异、明是非也。

又说:

> 道德仁义,非礼不成。教训正俗,非礼不备。分诤辩讼,非礼不决。君臣、上下、父子、兄弟,非礼不定。

具体说来,礼制就是决定人和人之间尊卑上下关系的规则,也是辨明是非观念的标准。礼制的根本目的是通过一系列的行为规范和具体规则,约束人们的思想和行为,维护社会生活秩序的稳定,最终建立别贵贱、序尊卑、体上下的社会秩序,从而维护国家统治的稳定性。礼制文化反映在文化生活的各个方面,历代统治者都非常重视的都城规划与设计,必然也会受到礼制思想的影响。

历代各朝的都城修建,要么是皇帝亲自选址,营建新城,像早期的诸侯国都城和王城就是这样。要么是在旧朝都城的基础上重修或扩建,如汉长安城即依傍秦朝咸阳城而建,北宋东京、南宋临安、明南京城等都是在旧城的基础上扩建而成。不管哪种情况,都说明,历代都城是在人为条件下修建而成的。要显示皇族的威仪,体现尊卑有序、君臣上下有别的宗法等级制度,维护国家统治的稳定性,历代统治者都非常重视都城规划中的礼制思想,并且采用各种具体方式使礼制思想具有可操作性,在城市的布局、建筑规模、装饰、形制等方面都能够表现出来。即便是一些少数民族政权,在都城修建上也遵循宗法礼制思想,如辽朝的都城上京临潢府,就是阿保机任用汉人用一百天的时间,模仿汉人的城市建造的。金代前期的上京城,位于今黑龙江省阿城县南,也是模仿北宋都城汴梁在旧城的基础上经过大规模扩建而成的。元大都就更不用说了。

《周礼·考工记》中对都城建设的规矩与等级是这样记载的:

> 匠人营国,方九里,旁三门,国中九经、九纬,经涂(途)九轨,左祖右社,面朝后市。市朝一夫。

通俗地讲,就是城市应该是正方形,每边长九里,每面的城墙上各设有三座城门,四面总共有十二座城门。城内横竖各有三条大街,每条街都有三条并列的道路组成,道路宽度为车轨的九倍。在中央大道交叉的中心便是宫城。宫城的前面为朝,后面为市,左右分设祖庙、太社,朝、市每边有百步之宽。有人认为,《考工记》所描述的城市只是理想中的都城布局,是纸上谈兵,当时没有一座城市果真和《考工记》所要求的一样。

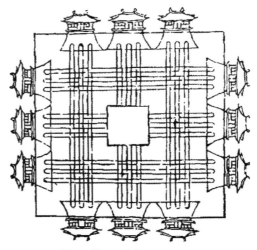

图3 《考工记》中的王城图解

周代所有的都城布局是否完全按《考工记》的描述布局建造,不得而知。但是周王城洛邑的规划建设应该是基本符合《考工记》要求的。据说早在西周初年,周武王就选定了洛邑(今洛阳)这块地势险要,又是东南西北水陆交通枢纽的地方,准备营建都城,迁都于此。但是不久武王去世,武庚叛乱,迁都未能实现。周公平定叛乱后,更加意识到洛阳在政治、经济、军事上的重要性,建议成王迁都洛阳,以便更好地加强对东方的控制。于是周成王派周公、召公营建洛邑,他们先后来到洛阳视察地形、测定城郭、宫室、宗庙朝市的位置,最后营建了两座城,西边一座是王城,东边一座为成周城,在王城以东十多公里的地方。王城大体呈正方形,建筑井然有序,每面三门,共十二座城门,城内有经纬道路各九条,王宫建在中央大道上,左边是宗庙,用来祭祀祖先,右边是社稷神坛,用于举行国王登基典礼或祭祀天地神灵。朝会群臣的殿堂在前边,市场在后边。[①]由此看来,这座王城的规划和《考工记》描述的基本相似,是按照礼制思想规划的。

曲阜鲁国故城是周代鲁国的都城,是周王朝各诸侯国中延续时间最长的都城。西周初年,周武王封周公旦于鲁,周成王时,召公在此受封并且修建了都城。根据都城规划者的身份和其与周王朝的关系,这座城市受到周礼的影响很大,实际上是一座典型的按礼制思想修建的城市。因为我国古代的礼制,据说都是周公旦制定的,而周公和召公又参与了成周(洛邑)的营

源远流长说规划
YUANYUAN-LIUCHANG SHUO GUIHUA

①苏建、蔡运章:《名城史话》(上),北京:中华书局,1984年版,第94-98页。

建,可以说是当时的城市规划大师。他们在修建鲁国古城时,按照礼制思想去规划也就顺理成章了。鲁国曲阜古城平面呈长方形,东西长3.7公里,南北宽2.7公里,东、西、北每面有三个城门,南面有两个城门。据古书记载,城门应有十二座,但如今只探测出其中的十一座。宫城位于全城的一个高地上,位置在城中偏东的地方,宫殿区东西绵延约1公里。南门外1公里处修有一个土台,叫作舞雩台,正对着南城门和宫城,一条笔直的道路将三者连通。贯通东西城门的东西大街和南门街道的丁字交叉处,正好在宫城前面。宫城东南方还有一座方正的大型建筑遗址,东西街道与南北向的丁字路口同样和这座建筑形成轴线关系。靠近东南城墙的东西北三面分布着炼铜、冶铁、制陶、制骨等手工作坊和居民区。城内还有墓葬区等。自然河道洙水绕西北城墙流过,形成天然屏障,东南城墙外挖有人工护城沟。曲阜古城近似方形,宫城居中,建筑布局有序,道路经纬分明,轴线对称的手法已初步形成,古城的做法初步体现了《考工记》所要求的一些规划思想。①

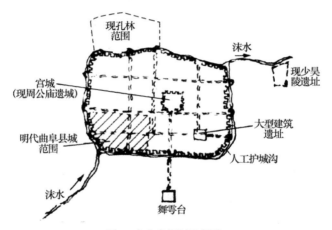

图4　鲁曲阜规划示意图

　　《考工记》所描述的这种规整有序的城市布局模式,对西周以后的都城规划影响更大。从汉末三国时期的邺城、唐长安城、北宋东京开封城一直到金中都城、元大都城、明清北京城都是按照这种传统形式来规划和建造的。并且是越到后代,都城规划中的这种思想体现得越明显。如果说,唐长安城中只有局部的体现,元大都的体现则更全面,明清北京对这种礼制规划思想的遵循就更为严格了。

①汪德华:《中国城市规划史纲》,南京:东南大学出版社,2005年版,第41-54页。

三、因地制宜　注重实际

《考工记》所提出的遵循礼制、规整布局的规划思想，并不能概括所有城市的布局方式，由于旧有城池状况、地理条件、经济、人口等因素的影响，一些城市很难在修建的过程中完全实现《考工记》的"营国"理想。《管子》所提出的因地制宜、突破常规的一整套布局方式是中国古代城市规划的另一重要思想。书中对城市营建时的选址、规模、功能分区、水利、城防、交通等都有具体论述。《管子·乘马》中说：

> 凡立国都，非于大山之下，必于广川之上。高勿近旱而水用足，下勿近水而沟防省。因天材，就地利，故城郭不必中规矩，道路不必中准绳。

《管子》重实际、轻形式的规划思想影响深远，许多城市在建设规划中出现了依山起势、临水而居、顺应自然的不规则形状。

齐国的都城临淄就是一座因地制宜规划的城市，据说管子曾参与临淄都城的建设规划。临淄地势高低不平，南面高北面低，东面高西面低，古城建造充分适应自然环境，东临淄河，西依系水，东西两面城墙蜿蜒曲折，以自然地形修建，有拐角二十四处。淄河、系水保证了全城的用水，同时也是东西两面的天然屏障。南北城外挖出护城河，与淄河、系水相通。城内有排水明渠。城墙下修建了排水口，可以沟通内外。城内水渠中的水分别注入护城河和淄河、系水。人工挖掘的排水渠、护城河与天然河流有机相连，构成了一个完善的用水、排水和城市防御系统。城市选址巧妙地处理了山、水与城市的关系，符合"因天材，就地利"的原则。

古城分为大城和小城两部分。大城周长14公里多，呈外郭不规则的长方形。小城在大城的西南一角，两城相连，小城并没有完全包括在大城内。大城已探测出有城门六座，城内道路纵横，呈十字交叉，将大城分成若干棋盘式的区域，道路大多与城门连接，有的贯穿全城。城的南边是官署的所在地，东北角以及西部是冶铜、冶铁、制骨、烧陶等手工业作坊区，其间还分布有商业区。这里应是官吏、平民、商人等居住的外郭。在稷门设立了学宫，集中了大批学士，规模宏大。学士们可以在这里自由讲学、讨论。学生们如果喜欢，还可以"吹竽鼓瑟、弹琴击筑"。另外当时的临淄城内还有女闾三百，专门招待从各地而来的商贾。小城是国君的宫城，北部是宫殿区，现在尚存有高14米、直径86米的夯土台基，今称"桓公台"，据说是齐桓公称霸天下时，会见诸侯和检阅兵马的地方。临淄古城确实已经有了学仕区、商业娱乐区、手工业区、居住区、宫殿区的功能分区,各自都形成了一定的规模。关于城市分区,《管子·小匡》中认为,城市中的"士农工商"四类居民"不可使杂处,杂处则其言哤,其事乱"。即认为,如果四种人混居会产生议论杂乱而不安于本业的情况。因此,其居住分区原则应该是:"凡仕者近宫,不仕与耕者近门,工贾近市。"这样,士人们在一起讲求忠、孝、义、顺;工匠们研究材料的生产、产品的适用、质量的好坏;商人们相互了解市场的价格和需求,推敲贱买贵卖的方法;农民们研究四季气候所宜和各种农作技术。可以说,《管子》中提出的城市分区思想在临淄古城有了一定的实践。

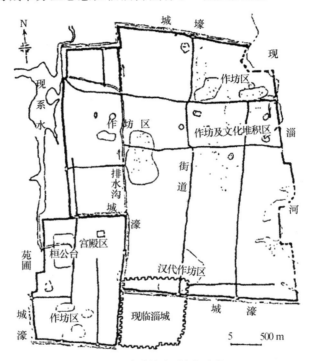

图5　山东临淄齐国古都遗址

明代的南京城也是典型的不规则都城。南京位于长江下游,地势险要,是历史上军事、政治、经济、文化的一个重要据点。在明代以前,孙吴、东晋、宋、齐、梁、陈、南唐等都曾在此建都,历代的城池基本遵循古制,采取方正形状。但是明代建城时却不拘泥于古代都城形制,而是从实际出发,充分考虑到地形复杂的情况和旧城利用等因素,因地制宜地利用山脉和堤、湖、水系的走向筑城,形成了明南京独特的城市布局和形态。

明代南京城也叫应天府城,朱元璋在称帝前两年即公元1366年就开始营建,花了21年时间,才完成了这座全长67公里,全部由砖石筑成的世界第一大城。应天府城东边到达钟山西南麓,北到玄武湖滨,将鸡笼山、覆舟山包入城中,西北角直伸到长江边的狮子山,西南将南唐和宋元以来的旧城址包括了进来。秦淮河从东南方向流贯城内外,河附近多丘陵与湖泊,地形错综复杂。古城墙依山势围成南北长、东西窄的不规则形状。

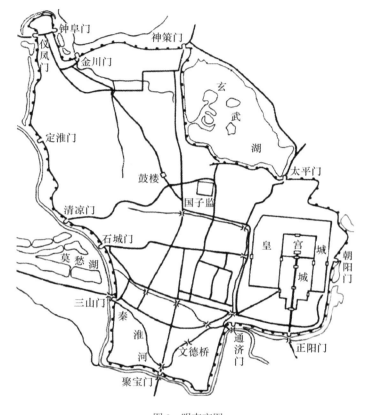

图6 明南京图

明代南京城规模宏大,建筑雄伟,从内到外依次为宫城、皇城、京城、外城,形成"四城相套"的平面格局。根据传统,古代城门往往是在方位对称、距离对等处设置。但明南京城的设计者却从实际地形和实战需要出发,灵活地设置城门,并不太讲究方位的对称和距离的对称等。内城在城内外出入的要道上,都设有城门,共开十三座城门,城门上都建有城楼,每门都有木门、千斤闸(又称闸门)各一道。在军事上具有显要位置的城门都有道数不等的瓮城,聚宝门、通济门、三山门各有三道,石城门为两道,神策门为一道。外城利用自然地势,依山带水,以土垒成,只在险要处用砖砌部分城墙,所以又俗称土城头。外郭城全长120公里,筑有十八座城门。外城的修建是出于城防的需要。相传京城建成后,朱元璋率其子及左右群臣登上钟山,观察都城格局形势。他很得意地问:"孤王的都城建得如何?"众人一致谄媚叫好。唯独十四岁的王子朱棣说:"紫金山上架大炮,炮炮击中紫禁城。"朱元璋仔细一看,不禁大吃一惊。原来城周山峦起伏,东面钟山,南面雨花台,北面幕府山等一些重要制高点都留在了城外,对城防极为不利。为了确保京师的安全,朱元璋最后采取了建造外郭城的方法,弥补筹划都城的缺陷。这样南京内城和外郭城,临山带江,将城内外诸山脉和湖泊尽皆包括,竭尽地利优势,真可谓固若金汤。其山、水、城融为一体的景观确实是世界上少见的。

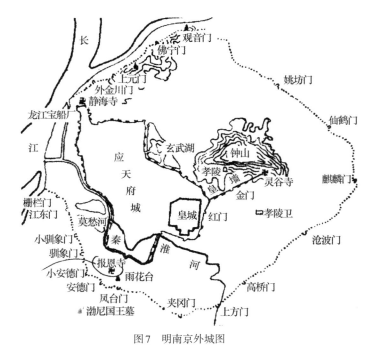

图7 明南京外城图

南京城的皇城位于京城东南角,呈正方形,是将燕雀湖的一部分填平而修建的,地形南高北低,四面共有六座门,位置对称、等距,占地约5平方公里。宫城位于皇城之内,即紫禁城。宫城开有六道门,按方位对称、等距安排。宫城的建设有几个特色:一是选址时权衡利弊,放弃了对内城中平坦中心地带的利用,而是选择了处于钟山之阳、北倚钟山的"龙头"富贵山,并以之作为镇山,采用了填湖造宫的办法,并巧用原来的东渠作为皇城西城隍,将午门以北的内五龙桥、承天门以南的外五龙桥和宫城城壕与南京城水系相互连通,取得人工和自然相互辉映的效果。二是在宫殿形制上遵循礼制。建筑布局充分体现了以皇帝宫室为主体的礼制思想,以一条中轴线自南向北贯穿全城,城内的宫殿和建筑都由这条中轴线结合在一起,开创了明清两代宫殿自南而北中轴线与全城轴线重合的模式。以南端外城的正阳门为起点,经洪武门至皇城的承天门,为一条宽广的御道,御道两边为千步廊,御道的东面分布着吏部、户部、礼部、兵部和工部等中央行政机构。承天门前有外五龙桥,后有端门和午门,东面是太庙,西面是社稷坛。午门之后,过内五龙桥,就是"前朝"五殿,接着是"后廷",符合"前朝后寝"的建筑布局原则。南京城皇城与宫城的布局既顺应了南京特殊的地理条件,亦很突出地表达出皇家唯我独尊的精神,成为后来明成祖朱棣迁都北京时改建北京城和设计宫城的蓝本。

明南京城的功能分区也很明确,按功能分为三大区:政治活动区、经济活动区和城防军事区。城东皇城区是皇帝和大臣官吏的政治活动区域,城南是居民区和商业区,鼓楼以南直至秦淮河这一带为繁荣的商业中心及手工业中心。城西北是军事区,地势较高,专设屯兵军营,多为未建设的空旷地带。在三区交界的中央高地上建钟鼓楼。明代南京城的规划建设,是由皇帝本人和政府直接掌握的,它力求适应地形和军事防守的实际需要。皇城建设在选址的灵活中又体现出对礼制的尊崇,使整个明南京城形成外城不规则而皇城整齐规整的巧妙格局,确实体现了《管子》所提出的"因天材,就地利"的规划思想的精髓,尊重自然,注重实际。

四、象天法地　宇宙图景

中国古代以追求天地人和谐统一为核心的哲学思想体系,"阴阳五行说""象天法地""天人合一"等等,都对古代城市规划产生了深刻的影响。人生于宇宙之间,天地自然、万象图景,影响着人对自身的认识和表达,来自于天地宇宙的认识方法和规律自然会表现在和人类生活息息相关的城市营建规划中。效法天地自然,营造宇宙图景,是中国建筑内涵的重要文化精神。李约瑟对中国建筑中处处表现出的宇宙精神是这样说的:

> 再没有其他地方表现得像中国人那样热心于体现他们伟大的设想"人不能离开自然"的原则,这个"人"并不是社会上可以分割出来的人。皇宫、庙宇等重大建筑物自不在话下,城乡中不论集中的或散布于田庄中的住宅也都经常出现对"宇宙的图景"的感觉,以及作为方向、节

令、风向和星宿的象征主义。①

在城市、宫殿、园林等建筑中模拟或者微缩、象征自然的"象天法地"思想和"阴阳五行"学说更是古代城市设计规划中很重要的设计思想。

"象天法地"，简单说来，就是模仿上天，效法天地，是古人"观物取象"思想的进一步发展。《老子》中有"人法地，地法天，天法道，道法自然"的说法，《易·系辞》中提出："在天成象，在地成形，变化见矣"，"仰则观象于天，俯则观法于地"，"与天地相似，故不违"。由于追求与天地"不相违"而和谐统一的精神，古人在建筑的整体规划与局部细节中，都不约而同地体现出"象天法地"的经营思想。

"天圆地方"是我国最古老的一种天地观，文字记载有"天体圆，地体方；圆者动，方者静；天包地，地依天"的说法。②古人按照天地的形状来制造器具或房屋，铜镜外圆内方，车厢的底板做成方形，上盖做成圆形，都是模仿天地的。正如《周礼·考工记》所记载："轸之方也以象地也，盖之圆也以象天也。"古建筑中的地下墓室，历代的明堂，皇家建筑的天坛、地坛都遵照"天圆地方"的设计理念。

古人崇天敬天，喜欢观察天象，并且常把天象、星象和周围的事物联系起来，自觉不自觉地仿效宇宙图像，在日常生活的世界中创造出一个带神秘色彩的世界来。古人从北半球的黄河中游长期观测星象，认为天上的北极星是恒定不动的，是天的中心，其他星斗都围绕着它转。于是把天上的恒星分组，每组以一个星官称呼命名。所有星官中，三垣和二十八宿最为重要。三垣，即紫微垣、太微垣、天市垣。二十八宿每七宿一宫，组成东、西、南、北四象，即苍龙、白虎、朱雀、玄武。天象以北极星为中，故名为天枢、

图8　四象二十八星宿图

①李约瑟：《中国科学技术史》（第3卷），北京：科学出版社，1975年版，第337-338页。

②陈遵妫：《中国天文学史》（第2册），上海：上海人民出版社，1982年版，第469页。

中宫、紫宫，为天帝太一所居，后来称为紫微垣。以此形成了以太一为中心，以三垣、四象、二十八宿为主干的天上星宿世界。人们创造命名了形象世界，又以此为摹本来规划设计营城造都。《逸周书·度邑》中记载周武王的建都原则是"定天保，依天室"。天保，指的是天枢北极星，借指国都。就是说按照天上宫殿的模式建造都城。

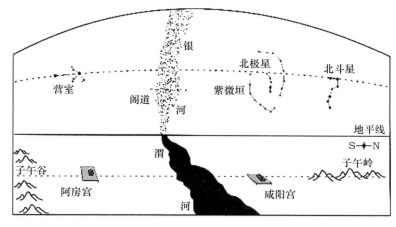

图9　秦咸阳城规划模拟与宇宙天象示意图

　　古代城市规划建筑经常模拟或者微缩自然宇宙图景，如拟法北极星的中心位置，都城选址尊崇"择中"的办法，城市中心确立后，再向四周发展，而这个中心一般是宫城所在地。《吕氏春秋·慎势》记载："古之王者，择天下之中而立国，择国之中而立宫，择宫之中而立庙。"据说公元前514年，伍子胥受吴王之命修建阖闾大城，伍子胥"相土尝水，象天法地，建成大城，有陆门八，象天之八风，水门八，以法地之八卦"。后来范蠡建造越城，也是按天地模式规划的。《吴越春秋》中说："蠡乃观天文，拟法象于紫宫，筑作小城，周千一百二十步一圆三方。西北立龙飞翼之楼，以象天门。东南伏漏石窦，以象地户。陵门四达以象八风。"秦始皇统一中国后，在咸阳修建都城，他相信天象，都城规划设计取法于天象，将宫殿比作天上的星宿，将地上的山峰比作宫殿的阙楼，将阁道比作连接星宿的通道，以河流来象征天上的银河。《三辅黄图》中说："筑咸阳宫，因北陵营殿，端门四达，以则紫宫，象帝居。渭水贯都，以象天汉；横桥南渡，以法牵牛。""法天"的思想意识使秦都咸阳的布局充满浪漫和神秘主义色彩：沿着北面高高的地势营造宫殿，殿门通向四面，就像天帝居住的"紫宫"；滔滔东流的渭水穿城而过，好比天界银河；一桥飞架，把南北的宫阙楼台连接起来，如同天上的鹊桥。这样的象征手法贯穿于都城设计中,无疑显示了皇帝作为天子的身份和地位以及雄霸天下统治千秋万代的愿望。

汉承秦制,在城市规划设计上,汉长安城在充分考虑周边自然环境的基础上,也借鉴了秦的做法,取法于宇宙天象来规划营建都城。汉长安城又叫作"斗城",是因为北城墙西北段蜿蜒曲折,形如北斗;南城墙中部突出部分和东段曲折如南斗。《三辅黄图》中记载:"城南为南斗形,城北为北斗形,至今人呼京城为斗城是也。"南斗和北斗很早就受到人们的顶礼膜拜,殷商时代,人们已开始祭祀北斗,并且将北斗星与王联系起来。汉长安筑为"斗城",期望获得上天庇佑,显示天子之威。班固《西都赋》中道:"其宫室也,体象乎天地,经纬乎阴阳,据坤灵之正位,仿太紫之圆方。"长安城中的未央宫拟仿天上的紫微垣,在八卦方位中,乾代表西北,象征天;坤代表西南,象征地;紫微垣在天与乾对应,皇宫在地与坤感通。古代十二地支方位中,未在西南,对应坤卦所在的位置。故"未央"即地之中央,所以未央宫地处长安西南隅。另外,未央宫北门外的北阙又叫玄武阙、东门外的东阙又称苍龙阙,未央宫内有朱鸟堂、白虎殿,《三辅黄图》也提到:"苍(青)龙、白虎、朱雀、玄武,天之四灵,以正四方,王者制宫阙殿阁取法焉。"

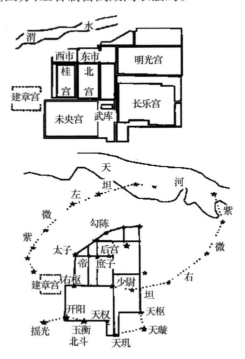

图10 汉长安考古复原图与天体星图

汉长安城的整体布局更像是在模仿星图,在星图上,将北斗七星、勾陈、紫微垣、北极等星座相连接。更令人惊叹的是,汉长安城中的几个重要部位恰与星座的位置对应。城南端突出处是天玑所在位置,位于西南方的建章宫在开阳与摇光的连线上,城西北部曲折的城墙与太子和勾陈的连线形状、位置相仿。与此同时,城中的主要宫殿及市场的形状、比例也基本符合星图。汉长安城的规

图11　阴阳示意图

划将对自然环境因地制宜的适应和对天体宇宙的模仿巧妙地结合起来,可谓是匠心独运。

阴阳五行学说也是古人对宇宙自然的一种看法。它认为,世上万物都分阴和阳,男属阳,女是阴;天为阳,地乃阴;数字中单数是阳,双数为阴;方位中前面是阳,后面为阴。事物是在阴阳两种因素的作用下发展变化的,这是古人对天地万物规律的认识。《易·说卦》说:"立天之道曰阴与阳,立地之道曰柔与刚。"《易·系辞下》言:"阴阳合德,则刚柔有体。"《老子》中提出:"万物负阴而抱阳,冲气以为和。"古人认为,金、木、水、火、土是构成世界的五种基本元素,它们之间是相生相克的关系。这五种元素和方位、颜色、声音形成有规律的对应关系,地上的五位是东、西、南、北、中,青、黄、赤、白、黑为五色,宫、商、角、徵、羽为五音。五行说可将日月星辰、山川河流、人体、时间、季节等的认识都囊括其中。运用五行学说来看天上的星座,就可以重新分为东、西、南、北、中五个区域,同样以北极星及其附近的星群为中官,中官由上垣太殿、中垣紫微、下垣天市组成,中垣紫微处于中官之中,是宇宙中最中

心的位置,由天帝居住。人间的帝王是天子,他们在地上居住的宫殿也应该是最中心的位置,比拟于天上的紫微宫,汉朝皇帝居住的未央宫又称为紫微宫,也就是情理之中的事了。中官周围以二十八宿组成东官青龙、西官白虎、南官朱雀、北官玄武,四官和不同的颜色相配,也成为地上四个方位的象征。青龙、白虎、朱雀、玄武,成为人间的神兽。东青、西白、南赤、北黑之外,中央为黄色,黄就成为五色的

图12　五行相生相克示意图

中心,也许这和黄乃土地之色有关,表现了农业社会对土地的崇尚。

阴阳五行的观念在古代城市建筑的选址、整体布局和单个建筑局部的设置方面都有广泛的应用。古代城市选址地形中蕴含着阴阳思想,水之北、山之南为阳,水之南、山之北为阴;山、水结合,则山为阳(刚),水为阴(柔);山应在城的北方,水应处在城市的南方,山环水抱、阴阳相宜。据说周族的祖先公刘在夏末迁都选址时就是"既景乃冈,相其阴阳",西汉晁错也提出在边地建城选址也要"相其阴阳之和,尝其水泉之味,审其土地之宜,观其草木之饶,然后营邑立城"。明清紫禁城外朝在前面,为阳;寝宫在后面,为阴。前朝用阳数,有五门、三朝;后宫用阴数,有两宫六寝。两宫为乾清宫和坤宁宫,两宫之间为交泰殿,指天地之气融合贯通,生育万物,物得大通,故曰泰。"乾清""坤宁""交泰"体现天地交泰、阴阳和平之意。另外紫禁城中东华门喻木,西华门喻金,午门喻火,玄武门喻水,三大殿喻中央土,三大殿的三层台阶为一巨大的"土"字,天子居"土"上,乃五行之中央,喻意"得土者得天下"。①紫禁城中宫殿屋顶几乎都用黄色。五行学说在紫禁城的设计中被充分地利用。

中国古代文化博大精深、内蕴丰富,体现人伦道德的礼制思想和《管子》重环境求实用的思想以及天人合一的生态观念等哲学思想,相辅相成,共同谱写了中国古代城市规划源远流长的宏伟篇章,它在城市规划与建设中的整体意识、理性主义思想以及巧妙独特的空间组合方式对当代的城市规划仍然具有重要的意义。

---

①吴庆洲:《象天法地法人法自然——中国传统建筑意匠发微》,《华中建筑》,1993年第4期。

皇家宫殿显威仪

一、"非令壮丽无以重威"

自早期人类穴居而处,在历史的漫漫风尘中,那些满足人类实际生活需要的多少草顶棚屋、土坯泥房、砖瓦庭院都随着时间的流逝而不复存在了,实物已然消失,文字记载少之又少,踪迹也就很难追寻了。与之相反的是,历朝历代由皇家主持修建、集实用功能和精神象征意义于一体的宫殿建筑却成为各个时期民族建筑文化的重要代表之一。宫殿建筑是我国古代建筑的主要组成部分,也是我国古代最为成熟、技术水平最高、规模体系最庞大的建筑形式。古代皇帝以国为家,富有天下,可以举全国之力营建宫殿,用最好的材料,用最智慧的设计者和技艺最高超的工匠,超大规模地征用劳力,因此各个时期的宫殿建筑可以说代表了当时最高的建筑艺术和技术水平。

作为每个朝代权力中心象征的宫殿,自然在朝代更替、兵家相争时就成为重要的斗争目标。例如西楚霸王项羽一把复仇的大火,就将秦王朝苦心营造、楼宇森森、覆压几百里的宫殿化为焦土。这样的毁坏事件,历史上屡屡发生。再加上王朝更迭,没人维护管理,宫殿自然损耗,慢慢荒废,历代那些曾经龙蟠凤栖、富丽堂皇的宫殿建筑大都烟消云散、灰飞烟灭了,如今留存下来的只有沈阳故宫和北京明清故宫。不过,地面上的建筑虽然毁坏了,但是地下遗迹还可进行考古发掘,甚至可以绘制复原图,而且在古代各类历史书写和文学作品中,也有对宫殿建筑较为详细的文字记载和描述。文字、地下遗迹发掘互相参证,综合各方面的研究,今人尚可以探索历代皇家宫殿的神奇面影。

"宫"字在古文字中是象形字,从其形状来看,所表现的不过是一座最简单的穴居小屋:顶上宝盖头象穴居小屋的屋顶,下面的"口"字表示屋顶上的天窗,再下的一个"口"字为屋门。《说文解字》中的解释是:"宫,室也。"《尔雅·释宫》中解释为:"宫谓之室,室谓之宫。"《经典释文》则为:"古者贵贱同称宫。秦汉以来,惟王者所居称宫焉。"可见,"宫"字最初的意义泛指所有房屋,秦汉以前是对房屋、居室的通称,贵族王侯、黎民百姓所居屋舍都可以叫作宫。秦汉时期,逐渐用来专称帝王的居所。"殿"字最早出现于春秋战国时期,指高大的房屋,《说文古本考》中说,"殿,堂之高大者也",后来专指供奉神佛或帝王受朝理事的大厅,秦汉以后使用更多。"宫""殿"二字连用,就是现在理解的帝王宫室。宫殿的建筑形式是由最初的一般居所建筑演变而来的,不同的是,随着王权的集中和社会经济的进一步发展,宫殿建筑在规模、体量、用料、建筑工艺上更加讲究,除了实用功能,还被添加了越来越多的文化象征意义,成为皇家威仪震慑天下的建筑符号。

图13　古"宫"字

据说西汉未央宫由丞相萧何督造,规模宏大,气势雄伟,壮丽异常。高祖刘邦"见宫阙壮甚",于是质问萧何:"天下匈匈苦战数岁,成败未可知,是何治宫室过度也?"萧何回答说:"夫天子以四海为家,非壮丽无以重威,且无令后世有以加也。"这里讲的是,刘邦看了宫殿的修建规模,很不高兴,认为连年苦战不息,天下还没有安定,没有必要把宫殿修得过于豪华。萧何却认为,天子以四海为家,宫殿不壮丽就不能显示出皇帝的威仪,而且这样做后代人不能再超过我们,也就可以省却功力,不必再行修建了。刘邦听到后,觉得很有道理,因此又高兴起来。古罗马的维特鲁威也曾对奥古斯都皇帝说:

> 我观察陛下不仅对于公共生活和国家制度予以各方面的垂注,而且对于公共建筑物的适用性也予以关注,其结果是由于陛下的威力不仅国家合并了各邦扩大起来,而且还通过公共建筑物的庄严超绝显示了伟大的权力。①

由此可以看出,宫殿不仅要为帝王理朝摄政、生活休养提供一个场所,

---

①〔古罗马〕维特鲁威:《建筑十书》,高履泰译,北京:知识产权出版社,2001年版,第3页。

满足物质要求,更重要的是要通过其巍峨壮丽的气势、宏大的规模和严格规整的空间布局,给人强烈的精神感染和震慑力量,炫耀和凸显帝王的权威和气势。事实上,宫殿修成后也真有这样的效果,宫殿主人和观望者都有不同寻常的心理体验。长乐宫修成后,刘邦感叹万分不无得意地说:"吾乃今日知为皇帝之贵也。"元朝的李好文在长安见到汉宫遗址,竟然"望之使人神态不觉森竦",可想而知,宫殿的宏伟气势给人的心灵震慑。

宫殿既然是皇帝朝会处理政务和居住的地方,是体现皇家君临天下气度和作为全国权力中心的建筑符号,其建筑形式必然要不同凡响,讲究雄壮华丽,以"大"为"美"。历代皇家宫殿在设计修建时,劳民伤财,在所不惜,力图通过各种方法将宫殿修得富丽堂皇、雄伟壮观。首先宫殿建筑跟其他建筑相比体量巨大、规模庞大。占有的面积大、空间大,以大为尊,以大为贵,充分体现皇家身份的尊贵。正如《礼记·礼器》中说:

> 礼有以多为贵者。天子七庙,诸侯五,大夫三,士一。
>
> 有以大为贵者。宫室之量,器皿之度,棺椁之厚,丘封之大,此以大为贵也。
>
> 有以高为贵者。天子之堂九尺,诸侯七尺,大夫五尺,士三尺。

古代礼制文化中讲究宫殿、器皿的大小、多少等都要与主人的身份地位相符合,越大越多越高贵。宫殿、庙宇等建筑中,也以建筑物的规模大小和屋宇的高低作为衡量身份贵贱的标准。宫殿建筑不仅单个的建筑体积庞大,而且还要高大雄伟,历代宫殿建在高台上的做法无疑可以使宫殿建筑拥有以高为贵、居高临下的效果。另外,宫殿建筑中的单体建筑物从数量上来说也是很庞大的。《史记·秦始皇本纪》记载咸阳的宫殿总数说:"关中计宫三百,关外四百。"宫殿建筑具有严谨整饬、符合礼制的空间布局,宫城中的建筑群体强调中轴对称的布局方式,将最重要、最尊贵的建筑安置在中轴线上,次要的建筑分列两边,还有"前朝后寝"的规整布局也较为合理。这种中轴对称布局方式还会制约整个都城的建筑安排,从而进一步突出宫殿的重要性,进而形成"巍峨的宫殿和壮观的都城"相辅相成,共同来显示皇家气派和天子威仪的格局。宫殿建筑的庄重、威严与华丽,还离不开精巧的雕刻和雕梁画栋的装饰图案,鲜明而强烈的色彩、美丽绝伦而富有动态美的大屋顶以及龙凤、狮子、神兽、螭吻等装饰造就了宫殿建筑极为庄严华美的总体风格。

二、"茅茨土阶"的大房子

宫殿建筑最初是由一般的居住房屋发展而来的,早期有一个宫同于室、

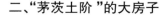

室同于宫的阶段。《礼记》中说:"昔者先王未有宫室,冬则居营窟,夏则居橧巢"。《易·系辞》:"上古穴居而野处,后世圣人易之以宫室,上栋下宇,以待风雨。"我国古代距今大约8000多年至距今4000年,黄河流域的居民还处于穴居阶段,他们建造了穴居小屋围成圆形,形成一个原始聚落,在小屋围成的聚落中央常常有形体较大的房屋,被考古学家称作"大房子",而这些"大房子"就是后来宫殿的源头。宫殿最初也是注重实用功能的,后来逐渐发展出"前朝后寝""左祖右社"的布局格式,成为礼仪制度和皇家尊严的象征,凝定为一种世代相袭的规格模式。我国夏商时期"茅茨土阶"的宫殿建筑中,庭院内的主殿堂规模大了,造型也相对复杂了,但仍然能看出早期聚落中"大房子"的影子来。

河南偃师二里头宫殿遗址是目前发现的我国最早的宫殿遗址,学术界一般认为它是夏商朝时期的宫殿建筑群。二里头位于河南偃师县西南约9公里的二里头村,占地面积约375万平方公里。据碳十四测定和树轮校正,其建筑在公元前1590—前1300年间,相当于夏朝时期。从整个遗址群的布局来看,它不是一个自然形成的村落,而是具有了古代都邑的规模,经过了一定的设计和规划。已经发掘的建筑遗址有几十处,其中有宫殿基址、作坊遗址、居住区遗址和墓葬区遗址等。一号宫殿遗址位于整个遗址的中央,是一组建造在高出自然地平面40~80厘米的巨大的夯土台面上的建筑,台基的平面呈横向的长方形,东北一角凹进,东西长108米,南北宽100米。台基的北部正中有一方略略高起的东西长30.4米、南北宽11.4米的长方形台基,根据四周的檐柱洞,可复原为一座八开间三进的大型殿堂建筑。遗址中没有发现瓦片,殿堂应该属于《韩非子》所记载的"茅茨土阶"的阶段,主要以木头、茅草、泥土为建筑材料,殿堂由檐柱等木结构支撑,殿顶覆盖茅草,屋顶四面出檐,可以防止日光暴晒和雨水侵蚀,保护台基、木梁和土墙。遗址台基的四周有双排柱洞,推测应是回廊式的建筑将殿堂围合在庭院中间,回廊南、北两面有复廊,东、西两侧是单面半开敞式廊子。南廊正中有九开间的缺口,估计是整座庭院的大门。这座由殿堂、围廊、庭院、大门组成的建筑虽然是茅草盖顶,但就当时的建筑技术水平来看,应该不是普通人的住所,不是帝王和权贵也没有能力修建如此形体巨大的建筑。围廊式庭院既突出了中间主体大殿的地位,又将外界隔绝形成了一个宫殿应有的独立、封闭的空间。殿堂前部宽敞,面积最大,是处理公共事务或者祭祀的场所,后部和左右分割出许多小房间,可住人,殿内"前堂后室"的空间分割将集会、祭祀与居住的功能合为一体。这样具有雄伟壮观气势的"大屋子",采用了院落式的建筑群体布局方式,虽然脱胎于茅草土泥造的穴居小屋,但是却开了古代宫殿建筑院落式布局的先河。

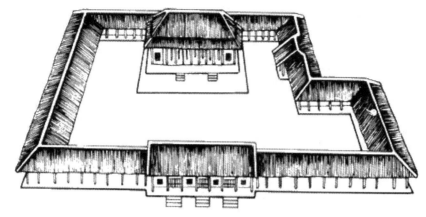

图14 二里头一号宫殿遗址复原图

位于河南安阳市殷都区小屯村的殷墟遗址,横跨洹河两岸,是我国商朝时期的都城所在地。这个建都大约273年的都城遗址有基本的规划,用地分区比较明确,可以分出宫殿宗庙区、王陵区、墓葬区、手工业作坊区、平民居住区和奴隶居住区。都城中间是坐落在洹河南岸的宫殿区,呈带状分布,绵延约5公里。宫殿区西面有人工挖成的壕沟,与洹河弯曲的河道共同组成环形的防卫设施,和后来修建的护城河一样。王宫区周围西、南、东三面分布着居民点和铜器、陶器、骨器等的手工业作坊。商王和贵族们的陵墓区分布在宫殿区的西北面。住宅区附近还有水井、道路和地窖洞穴等。

洹河南岸的宫殿宗庙区是殷墟的主要部分,1973年以前宫殿区已发掘出建筑遗址53座,由南向北排列,分为甲、乙、丙三组。甲组共发现15座建筑基址,是宫殿区建设时间最早的建筑。乙组共发掘建筑基址21座,位于甲组基址的南面,基址面积较大,建筑结构复杂。丙组建筑遗址在乙组的西南面,共有17座,规模较小。这些基址上的建筑分别用作商王室的宫殿、宗庙、祭坛等。基址大多坐东向西,平面呈矩形、近似正方形、圆墩形、凹形、凸形、条形等。基址上的地面部分虽然已经不存在了,但是仍能从基址的规模布局上看出建筑群形构复杂、气势恢宏的特点来。根据如今复原的若干建筑,我们可以对殷都宫殿建筑有一些基本的了解。

在乙组建筑基址上仿造的乙二十仿殷大殿,东西长应该是51米,由于东边的20米地下部分还没有挖掘出来,所以只仿造了31米。该殿坐落于高大的夯土台基上,主要以黄土和木料建成,墙壁用夯土版筑而成,房架以木柱支撑，屋顶采用双层四面坡形，用茅草覆盖。大殿仿造是有根据的，符合《考工记》中记载的"茅茨土阶、四阿重屋"式的建筑风格。"茅茨"是指茅草覆盖屋顶，以防雨水漏入室内；"土阶"是指用夯土垫高房屋的台基，以防雨水流入室内。"四阿重屋"就是屋顶的形制为四面斜坡形、双重屋檐。采用的立柱都有遗址挖掘中的柱洞作为依据。另外，殷墟出土的甲骨文中有关于房屋的象形字，如写作 🏠 的象形字，貌似文献中所说的"重屋"形象，在殷代青铜鼎铭文中也有类似"重屋"的象形字，写作 🏛 。这些象形字就是当时的图画，画出了殷墟建筑的基本样貌，作为殷墟宫殿建筑仿造的依据应该是可信的。殷墟宫殿建筑的内在结构更加复杂，单体建筑的外在形式更加多样，仿造的大殿体型巨大，左右对称，风格朴质典雅，形象地展示了殷商宫殿建筑的基本形态。

图15　殷墟遗址仿殷大殿

　　湖北黄陂盘龙城宫殿建筑遗址作为早期的宫殿建筑遗址，在我国宫殿建筑史上具有重要的地位。盘龙城遗址是商朝前期的城市遗址，位于湖北省武汉市黄陂区叶店乡杨家湾盘龙湖畔，距今约3500多年。遗址的时间上限相当于二里头文化晚期，下限相当于殷墟早期。古城坐落在一片高地上，平面近方形，面积约1.1平方公里，是商朝的统治者为了更好地控制南方而建立的重要都邑。城墙是分层用土夯筑而成的，每层约9厘米，墙外坡陡峭，内坡相对平缓一些，四面城墙的中间各有一个缺口，可能是城门。城墙外有宽约14米、深约4米的壕沟，应是人工挖掘的护城河。城内东北部的高地上发现分布密集的宫殿建筑群,共有三座,面积约6000平方米。在东西宽60米、南北长100米的夯土台基上,三座宫殿建筑坐南朝北,前后平行排列在中轴线上。如今已经发掘的两座,分别是一号宫殿基址和二号宫殿基址。

一号宫殿基址在高出地面20厘米的夯土台基上,平面呈长方形,长39.8米,宽12.3米,建筑物的柱穴、柱础、墙基等保存都较完整。檐柱直径为半米左右,埋在深约0.8米的地下,每个柱穴底部都有大石块柱础。墙基厚0.7~0.8米,檐柱前部两侧有直径较小、埋得较浅的挑檐柱穴,可以判断房顶是出檐的。这是一座中间有四室,四周有回廊的宫殿建筑,四间居室都是木架泥墙,各室都在南面的墙上正中开门,中间二室略为宽大一些,北面墙壁上还开有后门。在四室与檐柱之间,形成一周宽敞的外廊,屋顶覆以茅草。一号宫殿被分割成四间,推测是奴隶主居住的处所。二号宫殿基址在一号宫殿基址南面约13米处,也是长方形,东西长27.5米,南北宽约10.5米,建筑的技术和一号宫殿基本相同,不过室内空间没有分割,是一座通体的大厅堂,应该是奴隶主贵族开会议事的朝堂。

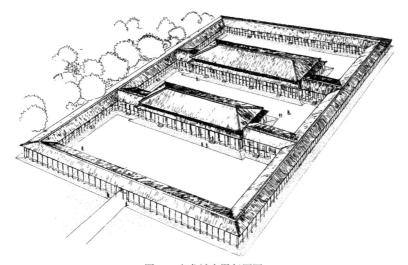

图16 盘龙城宫殿复原图

盘龙城宫殿建筑也属于"茅茨土阶"的阶段,主要采用木料和茅草、泥土建造,墙体、台基主要是用土夯筑而成。由于建筑材料和技术的限制,宫殿外形还不能做到像后来的宫殿那样高大雄伟,装饰也没有后来的宫殿华丽奇巧。不过,这一时期的宫殿建筑往往从平面方向拓展,在横向上突出建筑单体巨大的形体,四周围廊和宽阔庭院进一步衬托出了宫殿主体建筑的地位。二里头宫殿是以大型的独体宫殿为中心,组成了庭院式的空间,中轴对称的原则也有所体现。盘龙城宫殿是三座宫殿在中轴线上纵向排列，发掘出的两座建筑已有"前朝后寝"的格局，是目前为止发现的我国古代"前朝后寝"宫殿制度最早的实例，是后来此类宫殿形制的源头，具有不可忽视的价值和重要意义。

三、汉唐宫殿的雄姿

从"茅茨土阶"的早期宫殿遗址来看，殿堂基本都建在高台上，只不过当时的台基不是很高。古代的高台建筑大体有两种建造方法：一种是利用天然台地或者人工夯筑的土台，在上面建造宫殿楼阁，土台最高可达30米，一般在5到15米之间。夏、商时期建筑基本采用这种办法，突出宫殿的宏伟高大。另一种是台基之上修建主体建筑，然后围绕高台四周土壁设立木柱，向外扩展，建成环绕台基的廊房建筑，从外观看来，高大巍峨的建筑似乎是从地面一直建到台顶，很好地掩饰了高台对建筑的撑高作用，比起利用自然土台或者夯土台更为美观。

图17　咸阳宫"1号宫殿"剖面图

古代史学家对先秦宫殿有这样的评语："美宫室，高台榭，以鸣得意"。《淮南子》也记载："高台层榭，接屋连阁。"在中国古代建筑特别是宫殿建筑的历史发展过程中，高台建筑曾是春秋、战国至秦汉三国时期宫殿建筑盛行的形式。高台宫殿建筑，也是在当时木构技术水平较低的情况下，依靠高台而取得层叠巍峨的建筑外观的一种建筑形式，它既反映了统治者高于臣民之上的思想意识，又与古人喜欢选择台地居住的习俗有一定的关系。高台上的建筑居高临下，既便于瞭望，又利于防守，防御功能很好，无论就心理上的体验还是实际效果来看，都有很强的安全感。另外，高台建筑离天近，对于自封为天子的皇帝来说，超凡脱俗、远离凡夫俗子就成为必然的追求。"求仙""上天"的思想,也促使皇帝在人间修建"天上宫阙",在高高的台基上营建"空中楼阁",皇帝生活在其间,犹如在仙境中。

秦始皇热衷于修建宫殿,他不但扩大和增修了先王们修建的宫殿,而且还在战争中,每吞并一个诸侯国,就令工匠们仿照该诸侯国的宫殿式样,在咸阳再造其宫殿,《史记·秦始皇本纪》说他"每破诸侯,写放其宫室,作之咸阳北阪上,南临渭,自雍门以东至泾渭,殿屋复道,周阁相属,所得诸侯美人、钟鼓以充入之"。灭六国统一天下后,秦始皇"以为咸阳人多,先王之宫廷小",于是,又倾全力营造了惠文王没有完成的阿房宫。阿房宫建筑群在渭水之南,巍峨宏大。司马迁在《史记》中有描述:"乃营作朝宫于渭南上林苑中。先作前殿阿房,东西五百步,南北五十丈,上可以坐万人,下可以建五丈旗。周驰为阁道,自殿下直抵南山。表南山之巅以为阙。"阿房宫的修建表现了秦王朝气吞山河的气势。它以阿房前殿为中心,楼阁众多,以架空的阁道和上下两层的复道相连,向东延伸到骊山,南面抵达终南山,并且依山起势,以终南山的最高处作为宫的南阙。向北与渭水北岸的咸阳宫遥遥相望,两宫之间由横跨渭水的桥连通。两岸的宫殿如同天上宫阙,而渭水之上异想天开修建的桥,无疑就是架设在银河上的"天桥"。秦始皇还对旧的咸阳宫进行了扩建和修缮。咸阳宫是秦王朝的议事决政的宫殿。咸阳宫的主体殿堂修建在一个6米高的夯土台上,东西长60米,南北宽45米,台顶建楼两层,其下各层建围廊和敞厅,使全台外观如

图18　阿房宫图

同三层,非常壮观。经过秦始皇时期大规模的修建,都城咸阳的宫殿几乎铺满了整个城市,咸阳宫、阿房宫、兰池宫、甘泉宫、宜春宫、兴乐宫、望夷宫等等,可谓是宫殿林立,楼阁相连,绵延不绝,正如唐代诗人李商隐在《咸阳》一诗中所写:"咸阳宫阙郁嵯峨,六国楼台艳绮罗。自是当时天帝醉,不关秦地有山河。"

汉长安城内也是宫殿众多,星罗棋布,鳞次栉比,其中以长乐宫、未央宫和建章宫最有名。汉长安城的宫殿建筑仍是高台建筑,殿、阁、楼、台、观、阙都非常高大。长乐宫位于长安城的东南,是在修复秦兴乐宫的基础上建成的,汉高祖刘邦最初在这里居住,接见群臣、诸侯,商议朝政大事。长乐宫建在高高的龙首原上,既可以依托自然地势居高临下,又可以省却夯筑台基的浩大工程。长乐宫周长20多里,由14座宫殿楼阁组成,方向均坐南朝北。前殿是长乐宫的主要宫殿,在南面的中部,前殿西侧的长信宫也是一处重要的建筑,另外还有长秋殿、永寿殿、大夏殿、临华殿、宣德殿、神仙殿等,秦始皇时期建造的高达40丈的鸿台也仍然矗立在长乐宫内。高台上建有楼观,供皇室登高揽胜、射弋取乐。

未央宫也位于龙首原上,在长乐宫的西侧,两宫并立。未央宫始建于高祖七年,汉武帝时期又进行了大规模的修建。这座宫城周长28里,由40多座建筑构成,整个宫殿面积5平方公里,约占长安城面积的1/7。前殿是其主体,规模和长乐宫前殿差不多,东西约50丈,进深约15丈,高35丈,是皇帝朝会群臣理政议事的场所。经汉武帝时期改建修饰后,前殿以香木、杏木做梁栋,殿阶梯为红色,窗是青色,门面装饰有黄金、玉石配件,整个殿堂金碧辉煌、体量雄伟、气势恢宏。宫内另有宣室殿、温室殿、金华殿、柏梁台等大量殿宇建筑。后妃的寝宫有昭阳、增成、凤凰、合欢、鸳鸯等14座,都用椒和泥涂抹墙壁,殿内弥漫着特有的香气,所以这些后妃寝宫又总名椒房殿。未央宫还有两处专门储藏图书、档案的场所:石渠阁和天禄阁。两阁相距不远,遗址在前殿的正北。未央宫中的温室殿和清凉殿用来应对长安夏日的酷热和冬天的严寒。温室殿是皇帝冬季避寒的暖宫,墙壁以椒涂抹,还围挂着文绣的壁毯,地上也铺以毛织地毯,摆放着火齐宝石制作的屏风,有鸿雁羽毛做成的帐幔,整个房间都被上好的毛羽制品围包,保温效果自然很好。清凉殿是夏季避暑之殿,又名延清室。室内安设玉石等清凉之物。床用画石做成,以紫琉璃为帐幔,以玉石做盘,还将冰块贮于室内以消暑。未央宫中建有"凌室",专门用来藏冰,以备时用。

建章宫是汉武帝刘彻时在城外修建的一座宫殿,在未央宫的西侧,隔墙与城内的未央宫相对。两宫之间凌空架设跨越城池的阁道,汉武帝可以乘车随意往来。建章宫周长30里,宫内楼宇森森,号称"千门万户"。未央宫建在龙首原上,十分宏伟壮观,而建章宫所处地势虽低,但是站在其前殿上,却可以隔墙俯视未央宫,建章宫建筑的雄伟壮观由此可见一斑。《汉书》中记载:"建章宫南有玉堂,璧门三层,台高三十丈,玉堂内殿十二门,阶陛皆玉为之。铸铜凤高五尺,饰黄金栖屋上,下有转枢,向风若翔,橡首薄以璧玉,因曰璧门。"汉代歌谣所唱:"长安城西双凤阙,上有一双铜雀宿,一鸣五谷生,再鸣五谷熟",大概指的就是建章宫内门阙之上的铜凤凰,风一吹,就发出悦耳的声音,全城都能听到。宫内筑有高50丈的神明台,是未央宫最雄伟的建筑,台上有铜铸的仙人,手托一个27丈的大铜盘,用盘中的巨大玉杯承接天上的仙露。汉武帝以为,杯中的露水就是天上的"琼浆玉液",常喝就可以成仙长生不老。汉武帝与秦始皇一样,相信神仙,据说建章宫本来就是为他求仙营造的。建章宫的北部开挖有太液池,池中筑有蓬莱、方丈、瀛洲三座仙山。池北岸有人工雕刻的大石鱼,长2丈、高5尺,西岸有两只6尺长的石龟,另有各种石雕的鱼龙、奇禽、异兽等。太液池旁还有高达20余丈的渐台,也是为了求神祈仙。

长安城内还有明光宫,在长乐宫北面,桂宫、北宫,在未央宫北面,规模都不大,各宫之间都有飞阁相连。桂宫方圆十余里,又叫四宝宫,据说汉武帝在此处藏有四件宝贝:七宝床、杂宝案、厕宝屏风、列宝帐。桂宫中的明光殿,用金玉珠玑装饰,处处有明月珠,昼夜都有光明,可谓名副其实。长安城内的各个宫殿都有宫墙围合,形成宫城,宫城中不仅有巍峨庄严的前殿,还布置有池沼、楼台等园林建筑,宫中不仅是处理政务和居住的地方,也是皇帝寻欢作乐的场所。皇帝们寻欢作乐的方式别出心裁,很有创意。长乐宫中有秦始皇时期建的酒池,汉武帝命三千人在酒池里饮酒,每人所饮酒量,相当于牛饮水的量,皇帝看着这丑态百出的三千人,自得其乐。汉成帝在太液池边修了一座宵游宫,宫内所有物品都是黑色,受宠的宫女们也都穿着黑色衣服,全身披上木兰纱绸,悄悄进入宫中,在点点如豆的灯光中,与皇帝嬉戏欢娱,夜深人静时,曲终人散,悄无声息,营造了一种神秘、梦幻的游乐境界。汉代还没有轿子,一般乘车出行,汉成帝发明了飞行殿,长宽各一丈,样子像宫殿,由宫中的卫士抬着快跑,皇帝坐在其中,听到风声呼呼,宛如飞在空中。秦汉宫中有很多台,宫殿高高的台基不必说,另外还有用来祭祀、观望和游乐的台,如斗鸡台、走狗台、鸿台、渐台等。高大的楼观也是汉代宫中常有的建筑,汉唐宫中有"两观之制",是说,在主要宫殿的正门前要建一对高耸的角楼,称之为两观。楼观、高台使得汉唐宫殿更加巍峨高大、雄姿毕现。

宏伟壮丽的唐长安城内有三个宫殿区:太极宫、大明宫与兴庆宫。太极宫前身是建于隋代的大兴宫,位于长安城中轴线的北部,显示皇帝"至高无上,南面称王"的意思。宫中有十六座大殿和许多楼阁台榭建筑。宫城正门为承天门,每逢国家改元、大赦罪犯以及冬至朝会、阅兵、受降等大典,皇帝都要登上承天门主持盛典。宫城正殿为太极殿,是皇帝接见群臣、处理政务的场所。玄武门是宫城的北门,门外是皇家禁苑。从星象上说,玄武是天上北方的七颗星宿组成的星象,因此玄武代表北方,历史上李世民争夺皇位的"玄武门事变"就发生在这里。

唐朝时,宫城已有明确的内外朝之分。太极殿以北的两仪殿是举行"内朝"的地方,只有少数权贵、近臣在这里和皇帝商讨机密大事。东宫在太极宫的东面,是太子居住、读书的地方,西面的掖庭宫,是皇帝后妃们的居住场所。宫内还有山水池,供皇帝、后妃泛舟游乐。

图19　唐太极宫复原想象图

大明宫是唐太宗李世民于贞观八年在太极宫东北的皇家园林中为李渊修建的一座避暑宫殿,原名永安宫,第二年改为大明宫。高宗时期两次扩建大明宫,扩建后的大明宫规模与太极宫不相上下,但是建筑的恢宏壮丽超过了太极宫,除玄宗外,高宗以后的历代皇帝,基本都是在大明宫起居听政。大明宫的南墙就是长安城北墙的一段,宫城是不规则的长方形。不过,宫内南边的外朝建筑却沿着一条中轴线布局。南面的正门叫丹凤门,沿丹凤门向北有南北纵向排列的三组宫殿:含元殿、宣政殿和紫宸殿。这三组宫殿两侧又有若干对称的楼台殿阁。宫城的北部是皇帝及后妃居住的内廷,其中在宫殿中轴线北段开挖了太液池,池中造了蓬莱山,还点缀有凉亭。周围的建筑环列在太液池四周,随地形变化灵活布局,亭台楼阁之间用回廊连接,这里形成大明宫的园林区。威严的外朝殿堂和形式活泼的宫苑相结合的布局在大明宫中体现得很明显。

含元殿是大明宫的正殿,它以龙首原做殿基,高于坡下15米,大殿东西面阔十一间,南北进深四间。殿堂前方左右两侧建有翔鸾阁、栖凤阁,阁前有钟楼、鼓楼,楼、阁与大殿之间有廊庑相通,殿堂与楼阁组合使含元殿平面呈"凹"形。殿堂四周围有宽约5米的玉阶,长长的"龙尾道"从平地延伸到耸立在高

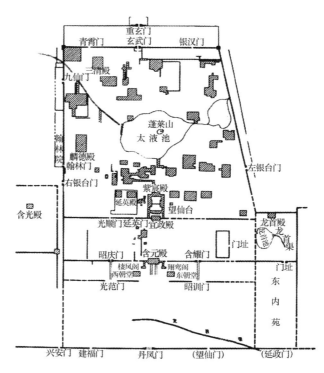

图20　唐大明宫平面图

台上的大殿前。含元殿体量巨大,气势雄洪,建筑各部分高低呼应,线条起

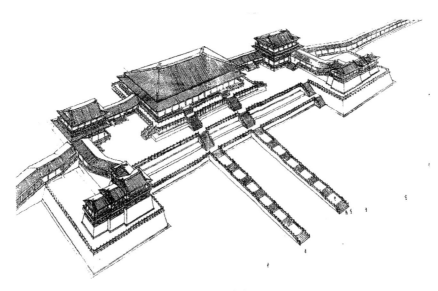

图21　含元殿形制复原透视图

伏流畅,具有震撼人心的威力。站在含元殿前,可以清楚地看到终南山,也可以俯瞰京城的大街小巷。"如日之生""如在霄汉"这样的词语被用来形容它的气魄。含元殿是唐朝皇帝举行外朝的地方,每逢国家大典和举行重要仪式,皇帝都要亲临含元殿主持,朝会的盛况有诗为证:"千官望长安,万国拜含元""九天阊阖开宫殿,万国衣冠拜冕旒"。

麟德殿是大明宫中规模最大的宫殿,建于太液池西边的高地上。它临近宫中的园林区,又离西面的宫门九仙门不远,出入方便。皇帝常在这里接见贵族亲信、宴饮群臣、观看歌舞表演和做佛事,有时也接见外国使臣。武则天就曾在麟德殿接见并宴请过日本执节大使粟田朝臣真人。麟德殿由三座殿阁前后连在一起构成,面宽十一间,进深十七间,占地面积约5000平方米,是清故宫最大建筑太和殿的三倍。在主体大殿左右的后侧,各建有一座楼,楼前还有亭,各有弧形飞桥与大殿上层相通。根据遗址推测,麟德殿建筑群周围可能有廊庑围成庭院。庭院回廊以及周围体量较小的楼阁,共同衬托出主体大殿壮丽宏伟的形象,麟德殿仍具有秦汉以来高台宫殿和楼阙配合的建筑风格。

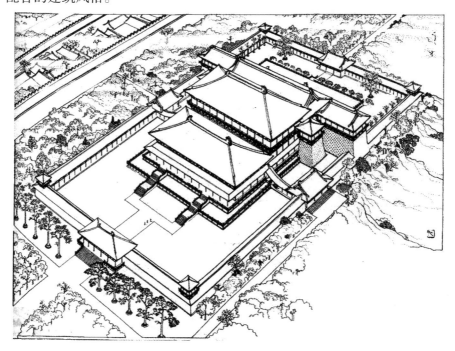

图22　唐麟德殿复原图

兴庆宫是唐长安城内的第三处宫殿,这里曾经是唐玄宗李隆基当皇帝前的旧居，位于长安城东城墙下的兴庆坊。公元714年，其旧居被改建成兴庆宫，兴庆宫布局比较自由，它的正门兴庆门朝西开设，和历代宫城正门向南的做法大不一样。宫城北面是宫殿区，南面是园林区，中间有墙隔开。宫内的兴庆殿、大同殿、南薰殿等，都是楼房建筑。还有勤政务本楼和花萼相辉楼在宫城的西南角，建筑富丽堂皇。宫内有内引龙首渠水汇注而成的龙池，景色优美。宫内广种被誉为"国色天香"的牡丹，龙池东面的沉香亭，相传就是唐玄宗和杨贵妃观赏牡丹的地方。

"关中自古帝王州"，从西周的丰、镐两京到秦咸阳，汉、唐长安城，千余年的都城营建，使得渭河两岸的关中平原上宫殿林立、楼宇森森。随着时间的流逝，曾经富丽堂皇的殿宇和莺歌燕舞的昔日繁华都不复存在了，如今留下来的只有埋在土层深处的残砖断瓦和一座座巨大的夯土台，供后人凭吊、想象。

四、无与伦比的北京故宫

明清北京故宫是世界上规模最庞大、保存最完整的古代宫殿建筑群，是明清两代的皇宫，原名"紫禁城"，辛亥革命后易名为"故宫"，也就是现在仍然完好地保存在首都北京的"故宫博物院"。它的规划设计集中地体现了数千年的礼制宗法思想与文化，"王者居于中""左祖右社""前朝后寝"的宫城规划思想都得到了充分的贯彻。其布局、形式、装饰等都具有鲜明的中国传统特色，是古代宫城建筑的典范，是无与伦比的宫殿杰作。

明朝北京城的营建始于永乐四年（公元1406年），大规模的修建是从永乐十五年（公元1417年）开始的，到永乐十八年（公元1420年）才基本完成，修建时间持续将近15年。明朝北京城的修建是在改造和扩建元大都的基础上进行的，作为重点营建的当然是皇家宫殿——紫禁城。紫禁城宫殿的布局形制，基本上仿造明南京城，不过，据《明成祖实录》载："北京营建，凡庙社郊祀坛场、宫殿门阙规制，悉如南京，而高敞壮丽过之。"清朝的都城北京基本沿袭了明朝北京的形制，在紫禁城中除了更名、重修、增修一些建筑外，几乎没有什么改变。

紫禁城位于北京城的中心，修建时在元大都宫城的旧址上向南移了一些。紫禁城占地72万多平方公里，内有9000多间殿宇，四周环以10米多高的宫墙。城外开凿了52米宽的护城河，全部用条石砌岸，俗称筒子河。宫城中的殿宇组成大小不等的院落空间，沿着全城一条自南而北全长7.5公里的中轴线排列，左右对称。中轴线北段的终点是钟楼、鼓楼，穿过紫禁城，南段一直到达外城的永定门。中轴线上的建筑，由南向北按顺序分布着大清门、千步廊、天安门、端门、午门、太和门、前三殿、乾清门、后三殿、御花园、神武门等。太庙和社稷坛分列于宫城的左右,符合"左祖右社"的传统。太和殿、中和殿和保和殿,外朝三大殿纵向排列,是紫禁城前半部分的主要建筑,形象壮丽、雄伟。后半部分建筑以乾清宫、交泰殿和坤宁宫为中心,是宫城的内廷,内廷三宫的东西两侧分别是东六宫和西六宫。坤宁宫的北面还有御花园,园内建有钦安殿,再向北就是紫禁城的北门,原名叫玄武门,清代因为康熙皇帝叫玄烨,为了避讳,改为神武门。出了神武门,正北方向经过护城河,有一座人工堆筑的50多米高的土山,明时叫"万岁山",俗称煤山,是由拆毁元朝宫殿和挖掘护城河的泥土堆积而成的,清初改名景山。景山的主峰正好压在元朝宫城中的延春阁旧址上,意思是为了镇压前朝的"王气",因此也称"镇山"。景山主峰的位置位于全城的南北中轴线上,又在内城南北城墙的中点上,是改建后北京城的中心,这当然不会是巧合,应该是人为的巧妙设计。一个居于中心点上的巍然屹立的山峰,显示了皇家至高无上的尊严,它的象征意义十分重要。

故宫外朝三大殿共用一个三层的汉白玉石台基,台基高8.13米,整体呈工字形,四周围有雕刻精美的栏杆。最前面的太和殿,俗

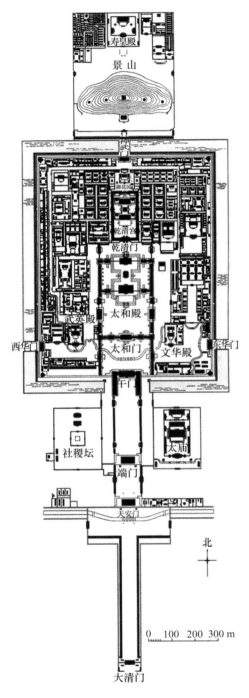

图23 紫禁城平面图

称"金銮殿"，是皇帝登基、寿辰、完婚等重大典礼举行的地方。明朝时叫奉天殿、皇极殿，是故宫三大殿中面积最大、形制等级最高的殿，也是宫城中最为雄伟壮丽的建筑。汉白玉台基，金黄色的琉璃瓦屋顶、深红色的墙壁、朱红色的大柱，还有彩画装饰的太和殿，色彩明亮抢眼。现在看到的太和殿是康熙年间重建的，它面阔十一开间共 60.01 米，进深 5 间共 33.33 米，加上台基总高 35.05 米，殿顶采用最高等级的重檐庑殿式，檐角的脊兽数目最多、最全，有龙、凤、狮子、海马、天马、押鱼、狻猊、獬豸、斗牛、行什，屋脊的两头安有体型巨大的吻兽。殿前后台基上都有左右并列的三道台阶，中间是专供帝王通行的御道，刻有九条龙纹图案。殿外前方最上面的台基上，摆放着铜龟、铜鹤、石嘉量、日晷等，象征江山永固、万世太平。台基上一排排的铜香炉增添了祥和的气氛。皇帝的御座就安放在宽敞雄伟的太和殿内有七级阶梯的木台基上，宝座后面有高低错落的雕龙屏风，座前摆放着美观精致的仙鹤、香炉等，左右 6 根蟠龙金柱，光彩闪闪，殿顶是雕刻精细、气势威猛的盘龙藻井。御座整个空间装饰设计大气磅礴，充分地凸显出了皇帝君临天下的威严与尊贵。

图 24　太和殿

　　太和殿后面是中和殿与保和殿，两殿的建筑形制和级别都比太和殿低。中和殿是帝王举行重大典礼和朝会前做准备和休息的场所，明时叫华盖殿，后来在火灾中被烧，重修后改名中极殿。清代改为中和殿，《礼记·中庸》中有"中也者，天下之本也；和也者，天下之道也"，殿名即取此意。中和殿屋顶采用单檐四角攒尖顶，面阔、进深都是三间。保和殿在中和殿后，原名谨身殿、建极殿,清顺治二年改叫保和殿,是皇帝举行殿试和宴请王公的地方。保和殿面阔九间,进深五间,殿顶采用重檐歇山顶,檐角上下各安放九个脊兽。修建时将殿内前檐的金柱减去了六根,空间显得更加宽敞。

图25　中和殿与保和殿

　　内廷三大殿中,最前面的是正殿乾清宫。乾清宫是皇帝的寝宫,有时皇帝也在这里接见大臣、处理政务。殿内正中设有宝座,两边有暖阁。北面坤宁宫明朝时是皇后居住的正宫,清朝仿照沈阳故宫中的清宁宫改建后,成为萨满教的专门祭祀场所。交泰殿位于乾清宫和坤宁宫之间,是清代册封皇后或者皇后举行典礼的场所,含有乾坤相交、天地和会、康泰美满的意思。乾清宫和坤宁宫的屋顶都采用重檐庑殿式,交泰殿和中和殿一样,采用单檐四角攒尖顶。后宫三殿的台基只有一层,殿堂建筑群总体上没有外朝建筑那样庄严雄伟,符合礼制要求。

图26　乾清宫

紫禁城中的建筑群由于功能和作用的不同构成一个个院落空间,从广泛的意义上来说,紫禁城就是由一个个院落组成的大型院落,除了主体建筑和围墙廊庑外,几个重要的大门也是非常重要的建筑,它们不仅将每个院落作为独立的空间分隔开,同时,又将这些院落贯穿为一个整体,共同形成了规模庞大、结构规整的宫城。午门是宫城的正门,位于宫城的最南面。午门平面呈"凹"字形状,继承了汉代以来宫阙式大门的形制,中间是正门,高高的墩台上建有巨大的门楼,两边向南伸出很长。午门正面城楼是一座9开间的重檐庑庑式大殿,下面城台中间开有三座门洞,东西两侧各有一个门洞开在城台里侧,一个向东、一个向西,正面看不出来,似乎只有三个门洞,其实是"明三暗五",午门北面看来就是五座门洞。左右向南突出的城台上四角都建有重檐四角攒尖顶的楼阁,每边的两座阁楼间由13间廊房相连,两边南段的阁楼左右对称,遥遥呼应。午门的形状像雁翅,因此也叫"雁翅楼"。又因为城台上共建有五座楼,人们又叫"五凤楼"。正面门楼的左右还设有钟鼓亭,每逢皇帝举行大典时,就会按规定敲响钟鼓。古代有"推出午门斩首"的说法,其实午门广场只是对官员执行"杖刑"的地方,并不是真正对死刑犯斩首示众的场所。与天安门前的广场相比,午门和端门之间的院落空间显得窄而长。

图27　紫禁城午门

　　穿过午门,就进入了太和门前的广场。太和门是前朝三大殿的大门,采用重檐歇山顶的殿宇式建筑形式,坐落在2米高的白石台基上,面阔九间,进深四间,殿前有白石栏杆围绕,台阶两侧摆放着形态雄伟的铜狮。从护城河引入的水流经太和门前,形成半月形的金水河,也叫"玉带河",对太和门形成环抱之势。河上架有五座石桥,叫内金水桥,以和天安门前的金水桥相区别。整个广场空间,建筑式样搭配和谐,线条柔和,给人相对轻松的感觉。这里曾经是御门听政处,当皇帝在太和门前听政时,百官就在太和门前的广场上呈奏领旨。后宫部分的大门叫乾清门,也是一座宫殿式大门,殿顶采用单檐歇山顶式样,白石台基高1.5米,面阔五间,进深三间,大门两侧建有"八"字形的琉璃影壁,门前也有一对铜狮子把门。作为后宫大门,乾清门的建筑等级明显比太和门低。此处也曾是皇帝"御门听政"的地方。

图28 太和门全景

故宫的主体建筑分布在南北中轴线上,从午门直到神武门的这些建筑只是故宫中路的建筑。故宫的西路还有西华门、武英殿、慈宁宫、养心殿等建筑群,东路有东华门、文华殿、传心殿、南三所等众多建筑群。从平面图来看,故宫前半部分建筑分布较为疏朗,占地面积大,以乾清门为界的后半部分占地面积较小,建筑分布密集。前朝建筑庄严肃穆,后面御花园的园林式建筑和布局,总体安排上使得巍峨的前殿和富有生活气息的宫苑结合起来,既符合宫城中现实生活的需要,又合乎礼制要求。在诸多建筑群的精巧布局中不仅体现出皇家的权势和人伦秩序,同时也充分显示了古代工匠们高超的建筑水平和设计中的奇思巧构。单拿三大殿台基排水功能的精巧设计来看,就令人叹为观止。三层的石台基,每层都有栏板、望柱和突出的龙头环绕,各有一千多个。这些雕工精细的建筑,其装饰效果自不用说,奇妙的是它们具有排水功能,当天降大雨时,台上雨水就会从栏板和望柱下的小孔流出,然后从龙头排水孔中排出。千龙喷水,真是了不起的壮丽景观,故宫的精妙设计由此可见一斑。

五、别具一格的沈阳故宫

沈阳故宫又称盛京宫阙,后称奉天行宫,坐落在山海关外地处北国塞外的沈阳盛京城。这座故宫始建于1625年,是清朝入关前太祖努尔哈赤和太宗皇太极营建的汗王宫,清乾隆时期又有增建。沈阳故宫占地6万多平方米,按照建筑平面布局与建造时间先后分为东、中、西三个部分。其中以大政殿为主体的东路建筑群是努尔哈赤时期修建的;以崇政殿为主体的中路建筑群是清太宗皇太极时期续建的;以文溯阁为主体的西路建筑群则是乾隆时期增建的。真正具有宫殿建筑内涵的是东路的大政殿与十王亭以及中路的崇政殿、凤凰楼、清宁宫、关雎宫、永福宫等建筑。

东路的大政殿和十王亭建筑具有十分鲜明的满族民族特色和文化内涵。大政殿俗称八角殿,始建于1625年,初称大衙门,1636年定名笃恭殿,后改大政殿。大政殿的建筑形式是一座双层屋顶的八角亭子,用形容宫殿的术语说,就是一座八角重檐攒尖顶的巍峨大殿。大殿总高21米,建在2米多高的须弥座式砖石台基上,台基上有石雕栏板、望柱、抱鼓、石狮等装饰。殿顶最高处的五彩琉璃宝顶,由宝瓶、相轮、火焰宝珠等几部分组成,浮雕云龙装饰。殿顶中间大部分用黄色琉璃瓦覆盖,边缘用绿琉璃瓦,清代称这种颜色搭配为"黄琉璃加绿剪边"。八条垂脊上还有彩色胡人、行龙脊兽装饰。大政殿外观内外共有两圈三十二根红色柱子,南侧正殿门的两根柱子上分别有金龙蟠柱,两条龙龙头相对,龙头龙爪伸出柱外一米有余,似乎在争夺中间檐上木雕的火焰宝珠,栩栩如生,令人震撼。柱顶外侧各有据说是藏传佛教中的神兽装饰,相貌威猛。大殿内檐柱间的八面,没有墙壁,分别装有六扇门,门的上半部是斧头眼式的格子,下半部各镶有木雕的金漆团龙图案。殿内不设天棚,八根十多米长的彩绘金龙大柱直插殿顶,从里面看,殿顶宛如穹庐,正中是圆形的降龙藻井,木雕金漆。藻井龙头向下俯视,无疑增添了皇帝的威严气势。围绕藻井的里面一圈是"万福万寿万禄万喜"八个篆书汉字图案,外面一圈由八组图案围成,每组包括一个梵文和四个龙凤图案。殿内还有云龙、兽面、莲花、如意等木雕装饰。大政殿曾被称为"大衙门",是皇帝即位、颁布诏书、宣布军队出征、迎接将士凯旋等重大庆典举行和商议决断重要事件的场所,其内外装饰多采用龙的形象和图案,好像是一座被龙包围的宫殿。布满殿内外的龙形装饰,表现了"敬天畏龙"的观念,同时"以龙代表天子"来体现皇权的正统性和其至尊无上的威严。

图29　沈阳故宫大政殿

　　大政殿前方的左右两侧,各排列五座方亭,式样相同。分布错落有致,犹如众星拱月。东侧由北向南依次是左翼王亭、镶黄旗亭、正白旗亭、镶白旗亭、正蓝旗亭,右侧相对应的是右翼王亭、正黄旗亭、正红旗亭、镶红旗亭、镶蓝旗亭。这就是有名的"十王亭",或称"八旗亭"。大政殿和十王亭的布局方式是满族八旗制度在宫殿建筑上的体现。八旗制度来源于满族人最初的狩猎组织——牛录,每个牛录由十人组成,选出一人为首领,叫作牛录额真,打猎时统一指挥大家的行动。努尔哈赤根据部众人数增多的情况,便对牛录组织进行改造创立了八旗制度。他将三百牛录编为一甲喇,五甲喇编成一旗,当时共编八旗。根据所用旗帜的不同区分,用黄、白、蓝、红整色旗的四旗,分别叫作:整黄旗、整白旗、整蓝旗和整红旗。用黄、白、蓝色镶红边的旗和用红色镶白边的旗的四旗分别是:镶黄旗、镶白旗、镶蓝旗和镶红旗。后来,汉语中将"整"改为"正"字。皇帝通过八旗统治全国,重要的政策法令都要由八旗首领参与讨论。十王亭是清兵入关前左右翼王和八旗官员处理本旗事务的办公场所,皇帝在大政殿举行重要活动前,被召集的官员们就都在各自的亭子前列阵等候。大政殿和十王亭的建筑形式生动地体现了八旗制度在治理国家中的重要地位。宫殿的这种独特布局被称作"帐殿式布局",来自于努尔哈赤、皇太极出征作战时所搭的帐篷形式。据说,他们率领军队外出作战驻扎时经常搭设蒙古包式的帷幄,皇帝在较大的黄色帷幄中,在其两侧则分别排列着八座青幄,供八旗贝勒大臣使用。颜色分布、形状都和大政殿与十王亭组合十分相近。可以说，沈阳故宫中的这种宫殿建筑组合将游牧狩猎民族的帐篷形式固定了下来，在中国古代宫殿建筑史上非常独特，绝无仅有。

图30　大政殿与十王亭

图31　沈阳故宫崇政殿

　　中路以崇政殿为主体的建筑群是皇太极时期修建的大内宫殿，基本具备传统宫殿建筑的中轴线对称和"前朝后寝"的布局原则。不过，沈阳故宫中皇帝处理政务的崇政殿建在平坦的地方，而帝后居住的寝宫却建在高台上,形成了"宫高殿低"的特点,这和满族人喜欢居住在高台上的习俗相关,不同于汉族"殿高宫低"的传统。进入皇宫正门大清门沿御路北行,迎面就是皇宫的正殿——崇政殿,殿体高12米,坐落在1米多高的台基上,并不高大雄伟。建筑形式是一座五开间的硬山式房屋,殿两侧各有三开间的门一座,分别叫作左翊门和右翊门。与众不同的装饰和建筑配件将这座东北地区极为普通的民房美化成了皇家宫殿。崇政殿屋顶由琉璃瓦覆盖,中间黄色,边缘绿色。殿顶的正脊、垂脊等各个部位都有琉璃构件,以黄、绿、蓝为主要色调,以

图32　崇政殿墀头琉璃装饰

行龙火焰珠为主要形象。殿顶四角装饰有狮子、龙、海马等脊兽,分别采用白、蓝、绿、黄、红等不同颜色。殿前后都有装饰着石雕栏板望柱的殿阶和檐廊,殿前后的红色檐柱都是方形的,檐柱下面是灰黑色覆莲式的柱础

图33　崇政殿檐下的木雕飞龙

石，上部绘有莲花等图案。柱顶部分檐下左右各有木雕龙头探出，两两相对，扬爪戏珠，龙身、后爪在廊内，形象生动、威猛有力，似乎要破殿而出。贯通外檐的装饰色彩斑斓、图案精美。崇政殿和左、右翼门的墀头上也有很精美的琉璃烧制的饰件。金红色搭配的木制槅扇门和白石青砖的殿基也增加了崇政殿外观的庄严华美。殿内空间五间贯通，没有天花板，屋内的梁柱一览无余，殿内装饰木雕精致，彩绘精美，图案丰富。翻卷的浪涛、腾飞的金龙、蓝天白云、奇花瑞草、火焰流云等营造出了一个祥和、高贵而又华丽、热烈的空间。

由崇政殿向北，从三层高的凤凰楼下层穿过，就是皇宫内廷。整个内廷坐落在近4米的高台上，与崇政殿外朝相比，可谓是"高高在上"了。坐北向南，正中而建的是清宁宫，四座配宫位于清宁宫前东西两侧，依次是东宫关雎宫、西宫麟趾宫、次东宫衍庆宫、次西宫永福宫。四座配宫的建筑样式都是五间硬山式房屋，琉璃瓦，宫门开在中间。清宁宫是一座五间硬山顶前后廊式房屋，琉璃瓦铺盖屋顶，檐下有彩画装饰，作为内廷中皇帝和皇后的寝宫，现在看来是很朴素的。清宁宫北侧两边各有一座三开间的小房子，琉璃瓦顶，用途尚不清楚，也可能是皇帝地位较低妃子的寝宫。清宁宫建筑具有很浓厚的满族住宅风格，简单说来，就是"口袋房、万字炕，烟囱盖在地面上"。"口袋房"也叫筒子房，是东北地区适应寒冷气候的一种房屋建筑，如今在东北农村还常见到。清宁宫的五间房的屋门开在东侧第二间，其余几间设有窗户采光，室内两侧的房间不设间壁墙隔断，因此整个房屋就像一个一端有口的袋子，不像汉族地区的房屋门设在中间。

图34　沈阳故宫内的清宁宫

"万字炕"也叫弯子炕和转圈炕，屋内火炕转角相连，紧贴墙壁围在南、西、北三面，叫连三炕。还有些是连二炕，南北两面的炕宽一些，俗称对面炕。清宁宫的炕设在西面的三间。满族民间有以南为大、以西为尊的说法，因此，正房西面的墙安放祭神祭祖的供位，一般西面的炕用来摆放祭器等物品，不住人，比较窄。清宁宫室内地面下有烟道，是用火地取暖的。房屋后侧连接火炕的烟囱是从地面建起的，形似小塔，截面为方形，从下到上逐渐

图 35　清宁宫后的烟囱

内收变小。与汉族房屋烟囱建在屋顶上有区别，满族的这种烟囱最早是用虫子蛀空的大树树干做成的，日久开裂后就用藤条捆缚起来再用。宫室是皇帝的家，宴请重要宾客的宴会常在清宁宫里举行，有时也在这里召见亲贵的王公大臣议事，主要是在非朝会期间，另外这里还是举行萨满祭祀的地方。

沈阳故宫，金碧辉煌，殿宇巍然，楼阁耸立，作为目前仅存的两座古代宫殿建筑之一，它的规模虽然比不上北京故宫，但却在我国宫殿建筑史上具有独特的地位和价值。它完美地结合了满族政治制度、宗教信仰和生活习俗的特点与传统宫殿建筑的风格，同时对蒙古、藏、汉等民族的建筑结构和装饰方法兼收并蓄。因此，沈阳故宫是一座以满族风格见长，融合了汉、蒙、藏等多民族文化特点的宫苑，是集多民族建筑艺术为一身的文化瑰宝。

坛庙建筑通神灵

一、祭祀与神灵观念

祭祀是向神灵求福消灾的传统礼仪活动,在我国古人的生活中占据着重要的地位。《左传》指出:"国之大事,在祀与戎",古人将祭祀与战争并提,认为是国家最主要的两件大事。从皇帝到百姓,各个社会阶层都离不开祭祀活动。祭祀活动,曾经作为国家的典章制度存在,是国家政治生活的一部分。古代的礼部,一年中有很多时间都是为祭祀而忙。历代帝王,要成为有德行有政绩的明君,就不能丢弃自古以来的祭祀传统,因为,中国古代给国君定的职责中就有亲自祭祀、侍奉鬼神的内容。管理国家和侍奉鬼神对于国君同样重要,能否侍奉鬼神,也成为判断国君是否有德的标准。

国君要代表国家、代表黎民百姓同上天神灵沟通,如果得罪神灵,令他们不满,导致祭祀失败,人们的愿望没有得到实现,国君还要承担罪责、反省自己。传说商汤时期,一连七年天气干旱无雨,整个王朝境内,烈日酷晒,河水干涸,禾苗不生,连石头都被烤化了。百姓们四处逃荒,饿殍遍野。干旱发生之初,商朝也曾组织人们打井或者开沟引水抗旱,但都无济于事。祭祀求雨也总不见效。人们认为这是上天对商汤灭掉夏桀自立为王之罪的惩罚。商汤只好按照古老的习俗,来到森林之社,准备将自己作为牺牲,在熊熊烈火中燃烧,献祭给天帝,希望取悦上天,消除灾害。幸运的是,就在商汤剪了头发、指甲,要点燃脚下的柴火时,天降大雨,祭祀成功,同时也证明了商汤并没有被上天抛弃。这就是"商汤祷雨"的传说。古代国君与祭祀的关系,于此可见一斑。

祭祀的对象是神灵,没有神灵,没有崇拜、敬畏的对象,祭祀就无从谈起。神灵观念来自于人类早期对自然万物的认识。遥远的古代,人类出现在地球上时,人类社会发展还处于童年时期,当时的人们思维简单、富于幻想、对宇宙自然的认识和把握能力都很有限。但是,天地自然万物又时时刻刻影响着人们的生活。天天与自然打交道,人们对自然界的一切都感到既神秘又恐惧。他们从自然界采集野果、猎食野兽充饥。风雨和顺时,可以让食物丰足、牛肥马壮,给人们带来收获和欢乐,人们对自然万物充满崇拜感激之情。当暴雨狂风来袭,洪水肆虐,或者遇到严寒酷暑时,又会夺走人们拥有的一切,带给人们恐惧和威胁。日月星辰、暴雨洪水、草树花木、飞禽走兽以及一切知名不知名的物体中,似乎都有一种神秘莫测的东西在主宰着它们。于是,人们就创造出了无数的神灵。

古人认为万物都有灵,海神、山神、天神、地神、五谷神等,神灵无处不在。《西游记》中,经常见到的场景是:唐僧师徒四人到了陌生的地方,或者遇到不清楚的事情,孙悟空就会唤主管这一方的土地老儿来问问情况,并且随时随地,随叫随到,招之即来,挥之即去。这些土地神也是无处不在,无所不知的。宋代道教类书中有一个传说:

> 黄帝巡游全国之时,在东海地方捕到一个奇妙的怪兽。怪兽能说人话,通晓万物,名叫白泽。皇帝从白泽口中得以详细了解天下妖怪鬼神之事。白泽声称,鬼物由远古的精气和徘徊在宇宙中的灵魂演变而来,共计一万一千五百二十种。黄帝即命令臣下把白泽所言之鬼怪逐一描画成图,并以此昭告天下。①

传说不免有虚妄荒诞之处,但其中所反映的古人认为神灵众多的心态却是真实的。

数量众多的神灵充满了人们生活的大大小小的空间,主宰着人们生活的方方面面。人们在既敬畏又恐惧的心态下,由人及神,简单推理,认为需要同神灵沟通、对话,通过一定的形式,把人们对神灵的敬畏、感激和希望传达给神灵,希望神灵满足、愉悦,降福于人,保佑人们平安顺利,最起码不给人们制造祸端。于是,祭祀就产生了。简单说来,祭祀就是向神灵致敬、献礼、膜拜、归顺、讨好神灵,希望神灵降福免灾的仪式。我国民间有祭祀灶神的习俗,灶神是主管厨房的神灵,"民以食为天",灶神自然不能怠慢。每年腊月二十四日,灶神要上天向玉皇大帝禀报情况,人们会在灶神上天之前,一般是腊月二十三,举行隆重的祭祀仪式,很多地方的祭品中有甜点、糖瓜,

---

① 《云笈七识》,转引自刘晔原、郑惠坚:《中国古代的祭祀》,北京:商务印书馆国际有限公司,1996年版,第7页。

有些还干脆在灶神的嘴上抹上熬化的糖，希望灶神在玉皇大帝面前说好话，把吉祥、福祉带回来。灶前常贴的"上天言好事，回宫降吉祥"的对联，精炼地表达了人们祭祀灶神的愿望。

祭祀对象除了天神、地神、五谷神、山神、水神等自然神灵外，还有祖先神灵和生前贡献突出、成就巨大的先师人杰。古人认为，人死了灵魂还存在，祖先虽然去世，但他们的灵魂还时时关注着后代子孙。子孙祭祀先祖，一则是对祖先魂灵的侍奉、感恩与报答；二则希望先祖继续庇佑子孙后代，带来财富和地位。祭祖是古代每个家庭的大事，皇帝将先祖祭祀与天地、社稷祭祀并列为三大祭祀，民间修家庙、祠堂，设牌位等，不管是豪门富户，还是贫家寒舍，都有祭拜祖先的活动。祭祖的对象不仅包括各个家族自己的先祖，还包括对一个部落、一个民族甚至一个国家做出杰出贡献的伟大人物。由于功业的卓著和影响的巨大，这些先贤、英雄、各行业的祖师等去世后，他们也会被看作神灵，成为后人祭拜尊崇的共同祖先。殷周宗法社会，祭祀成为"礼"的内容，祭天地，敬祖宗先师，是祭祀礼仪的根本。《史记·礼书》中说："天地者，生之本也；先祖者，类之本也；君师者，治之本也。天地，恶生？无先祖，恶出？无君师，恶治？三者偏亡，焉无安人。故礼，上事天，下事地，尊先祖而隆君师。是礼之三本也。"魏晋之际的哲学家杨泉曾说："古者尊祭重神，祭宗庙，追养也，祭天地，报往也。"这些都说明了祭祀同时也是古代明教化、叙人伦的重要方式。

祭祀神灵时，可以跪拜磕头，可以焚香烧纸，但最实惠的还是献上丰厚的祭品。祭祀的常见贡品有食物、玉帛、酒菜、果品、血等，历史上也曾出现拿活人做祭品的现象。祭祀仪式因对象、地域、民族等因素的影响而有差别，但内心虔诚、行为恭敬是共同的要求。《论语·八佾》说："祭如在，祭神如神在。子曰：'吾不与祭，如不祭。'"祭祀神灵就一定要相信，就当神灵真在那里。孔子还认为，如果内心不虔诚，不亲自参加，那就不如不要祭祀。祭祀时动听的语言也是不可少的，颂扬神灵的功德、业绩，同神灵会谈，提出祭祀者的要求，都离不开语言。另外，为了取悦神灵，还要进行表演娱乐活动，通过扮演神灵、歌舞、音乐、唱戏等形式，使神灵欢喜，达成人类的愿望。在此过程中，祭祀者也得到鼓舞，似乎同时获得了神力，有了实现愿望的信心。关于人们在祭祀活动中的心理变化，费尔巴哈总结说：

> 献祭的根源就是依赖感——恐惧、怀疑、对后果对未来的无把握、对于所犯罪行的良心上的咎责，而献祭的结果、目的则是自我感——自信、满意、对后果的有把握、自由和幸福。去献祭时，是自然的奴仆，但

是献祭归来时,却是自然的主人。①

祭祀活动需要在一定的场所进行,原始社会早期的祭祀场所不固定,随时随地都可以献祭。古人祭祀的场所有平地、土坑、坟墓、坛、祠庙几种。平地是最简单最原始的祭祀场所,只是把一块平地清扫干净就可以祭祀了,这就是《礼记·礼器》中所说的"至敬不坛,扫地而祭"。献祭月神时,就在地上挖一个平坑作为祭祀场所,在坟场墓地祭祀祖先也是原始朴素的办法。当祭祀礼仪更加严格、正规,一些祭祀活动常常要定期举行时,场所也就渐渐固定下来。固定的祭祀场所和空间,能够与日常生活空间相区别,有利于营造祭祀时庄严肃穆的气氛。从场所来看,祭祀可分为露祭和屋祭两种,露祭用坛,屋祭在庙。《礼记·祭法》注:"封土为坛",坛就是用土石堆砌成的高出地面的祭祀场所,因祭祀对象不同,坛的形状也不一样,祭天用圆坛,祭地用方坛。在祭祀的地方修建房屋,就形成祠庙。台而不屋为坛,设屋而祭为庙。当人们在祭祀场所设坛盖庙时,祭祀建筑就诞生了。祭坛和祠庙是祭祀神灵的场所,祭祀是礼制的一部分,因此,坛庙也被称为礼制建筑。

坛庙建筑出现的时间很早,距今五六千年的辽西红山文化遗址中,就发现了迄今所知最早的一批祭坛和祠庙遗址。喀东县东山嘴发现的原始祭坛遗址中,有边长10米的石砌方坛和直径2.5米的圆坛各一座,旁边留有石砌庙宇的迹象。牛梁河遗址还发现了"女神庙"的遗迹。浙江余杭的瑶山也发现了良渚四期的祭坛遗迹,该祭坛里外分为三圈,由内到外分别筑有红土台、灰土带和砾石铺面的黄土台。日本学者伊东忠太称:"庙祀自太古已有之,据古典,尧时已行五帝之庙祀。五帝之庙,唐虞谓之五府,夏曰世室,殷曰重屋,周曰名堂。"②历史久远的坛庙,在我国古建筑文化中具有突出的地位和十分重要的意义,是古代城市规划中不容忽视的建筑类型。

二、郊祭与北京天坛

天在古人的心目中具有至高无上的地位,日月星辰、风雨雷电等都由天上的神灵主宰,他们所掌控的阴晴寒暑、阳光雨露,决定着人类的生存与毁灭。辽阔高远的天,具有无上的威力。天神能创造世界、化育万物,

---

① 〔德〕费尔巴哈:《费尔巴哈哲学著作选集》(下卷),北京:商务印书馆,1984年版,第462页。

② 〔日〕伊东忠太:《中国建筑史》,陈清泉译补,上海:上海书店,1984年版,第78-79页。

施惠于人类，人们崇拜天。同时，电闪雷鸣，暴雨肆虐，久旱无雨，颗粒无收，天神发怒，也会给人带来灾难，人们对天神也充满敬畏心理。祭天是人与天交流的形式，向天献祭，表达对上天滋润、哺育万物的感恩之情，另外，祭天也是为了祈福，希望能达成战争胜利、五谷丰收、风调雨顺等愿望。

对天的敬畏和祭祀深入到古代人们生活的各个方面，祭天仪式也是历代皇帝最为看重的祭祀。尤其是把人间的权力分配与天联系起来以后，天作为最高的神灵，被人格化地称为"昊天上帝"或者"皇天上帝"，上天统领一切，选择代理人来管理人间。皇帝就是上天选中的代理人，他们受命于天来统治百姓，因此，中国古代的帝王自称为天子，君权天授，祭天仪式自然要由天子亲自主持。《五经通义》中说："王者所以祭天地何？王者父事天，母事地，故以子道事之也。"祭天之礼很早就存在了，司马迁《史记》中记载上古时期黄帝在泰山上筑坛向天献祭的事。夏朝时就有了正式的祭祀活动，以后历代王朝都很重视祭祀。祭祀天地不仅是朝廷的政治大事，还成为帝王的专利。

古代将祭祀天、地、日、月等自然神灵的场所建在都城的郊外，根据郊祭传统，祭天的场所在都城南郊，祭地的场所在北郊，因为按阴阳来说，天属阳，地属阴，而方位中，前方朝南为阳，北方属阴。又因古人认为日升于东，月生于西，所以在东郊祭日，西郊祭月。明清北京城的天坛、地坛、日坛与月坛就分别设在都城的南郊、北郊、东郊和西郊。将祭祀自然神灵的场所选在郊外，环境清幽，远离市井喧嚣，有利于营造庄重肃穆的气氛，使祭祀者产生亲近天地自然的心理感受。对天、地、日、月的祭祀中，祭天的礼仪最为隆重，相应的建筑也最为讲究。古人认为天是圆的，祭天时要到郊外去筑一个圆坛，圆形正是天的形象。从周代开始，每到冬至那天，就要到南郊去祭天。祭天时，把祖先文王的灵位摆在旁边祭拜，叫作"配祭"。同时还祭谷神后稷，后稷也是周的祖先神。周代以后，冬至日在都城南郊祭天的规则被写进了《周礼》，作为礼制固定了下来，祭天的建筑、礼仪也有了相应的规制，历代王朝祭天的仪式基本都尊崇周礼。

历代王朝在南郊举行祭天之礼，自然会在祭祀场所修造相关的建筑物。能够经历岁月磨蚀留存下来的建筑毕竟是有限的，根据考古和文献记载可知，汉成帝时，在长安城外昆明故渠的南面建有圜丘。齐代开始在圜丘坛外建造屋宇，以备更衣、休息之用。唐代皇帝祭天的圜丘初建于隋代，比北京天坛早1000多年，是中国现存最早的祭坛建筑。圜丘位于唐长安城南郊,距正南门明德门约950米。遗址已发掘,被称作唐天坛或者西安天坛。圜丘遗址高出地面8米,为四层素土夯筑圆坛,坛壁和坛面用黄泥抹平,表面涂有白灰。最底层圆坛直径约54米,第二层约40米,第三层约29米,顶层约20米,各层层高不等。每层圆坛四周都均匀地分布有十二条上台的阶道,称为陛。唐代文献中是用"十二辰"来称呼的,即子陛、丑陛、寅陛、卯陛等,暗指天上的十二个方位,其中正南方向的"午陛"比其他十一陛要宽,应是皇帝登坛的阶道。圜丘的外面应该还有三道矮墙环绕。西安天坛外观朴素大方,构筑格局富有特色。唐代规定以天坛为中心,方圆150米以内不能有其他建筑。站在高高的圜丘顶上,四围空旷,视野开阔,仰望苍天,浩渺无际,使人顿生敬畏之情,从隋文帝开皇十年(公元590年)算起,直到唐末废弃,共有二十一位皇帝在此进行过隆重的祭天仪式,历时314年,女皇武则天也曾在此祭拜。

图36　西安天坛遗址(尚洪涛摄)

　　明初建都南京,朱元璋对祭天尤为重视,尚未立国称帝时,就在南京城钟山之南建圜丘,冬至日祭天时同时祭祀风云雷雨诸神。第二年称帝时,正月初四在南郊祭天,并且新定了祭祀的礼节。此后十年,灾异常见,皇帝以为天地分祀不祥,于是在南郊建大祀殿,以圜形大屋覆盖祭坛,改为每年孟春正月合祭天地。永乐皇帝迁都北京后,仍沿用天地合祀的做法,在都城南门正阳门外按南京规制营建大祀殿。大祀殿是方形十一间的建筑物,于永乐十八年(公元1420年)建成。这就是北京天坛的最早的建筑,不过当时叫作天地坛。明嘉靖九年(公元1530年),嘉靖皇帝命令天地分祀,在大祀殿的南面又建圜丘,冬至日在此祭天,夏至日到北郊的地坛祭地。四年后,天地坛被改称为天坛。清朝乾隆皇帝、光绪皇帝时期对天坛进行重修改建后,形成了现在的天坛格局。

北京天坛是明、清两朝皇帝的祭天之所,在老北京城南门正阳门外的东侧,属于南郊,后来加建外城时,被包含在城内,天坛的西门与北京城的中轴线永定门内的大道相连。天坛内外有两重围墙,将其分为内坛和外坛,平面形似"回"字。两重坛墙的南边转角都是直角,北侧转角为圆弧形,象征天圆地方。天坛范围很大,东西长1700米,南北宽1600米,占地面积约272万平方米,约相当于紫禁城的四倍。外坛墙的东、南、北三面没有门,西边开设有圜丘坛门和祈谷坛门两座大门,两座大门都是三间券拱、绿琉璃瓦歇山顶式。靠北面的祈谷坛门是明代就开建的,也就是坛西门。内坛墙上则辟有六座门:祈谷坛有西、北、东三座天门,圜丘坛的南面也有泰元门、昭亨门和广利门。

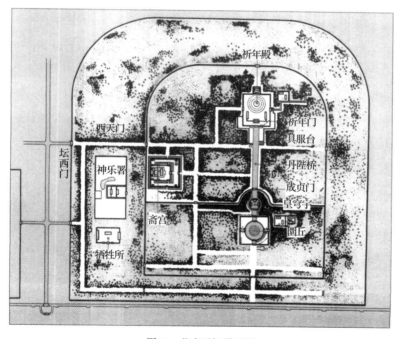

图37　北京天坛平面图

从坛西门进入外坛,路南有神乐署和牺牲所。神乐署是专管祭天大典乐舞的机构,牺牲所在神乐署的南面,是饲养祭祀用的牛、羊等动物的地方。往东进入内坛墙上的西天门,路南有一组斋宫建筑,是皇帝祭天前居住、沐浴、斋戒的地方,祭天前皇帝在此清心沐浴,以示虔诚。

举行祭祀的主体建筑在内坛偏东的地方,形成南北中轴线布局。圜丘坛、皇穹宇、祈谷坛是中轴线上的三组主要建筑,圜丘坛在最南端,祈谷坛在最北端,两部分之间有一道东西向的墙隔开,它们之间用一条长达360米的叫"丹陛桥"的大道相连。

圜丘坛是皇帝举行祭天大典的中心场所,每年祭天时,皇帝从西边的牌楼下桥,步行进入昭亨门,来到圜丘坛。在明代初建时,圜丘坛由青色琉璃筑造,清乾隆改造为石筑坛台,并且加大了圆坛的直径。现在的圜丘是白石平台,分为上中下三层,每层四面各有九级台阶,周边均有汉白玉栏杆围合,栏杆和栏板上有精雕细刻的云龙图案。圆坛的外边围有两道蓝色琉璃瓦矮墙,从内到外,第一道墙呈圆形,第二道墙是方形,也是"天圆地方"的象征。两道矮墙的四面各有一座白石造的牌楼门。

图38　圜丘坛

圜丘最上层坛台中央是一块圆形的大理石板,被称作天心石,也叫太极石。以天心石为中心向外镶嵌扇形石,共有九圈。每圈铺的扇面石数量都是"九"的倍数,靠近天心石的一圈是九块,以此类推,十八块、二十七块……直到第九圈的八十一块。中层坛台从第十圈到第十八圈,下层坛台从第十九圈到第二十七圈,三层坛共有378个"九",用扇面石3402块。站在天心石上面即使小声说话,声音也会格外洪亮,这是因为从天心石发出的声波快速传到坛边的石栏杆以后，会从四面八方反射回来，与原来的声音汇合，音量加倍。每当皇帝祭天时，声音响亮，如同上帝发出的神谕一样，配合祭祀时肃穆的气氛，颇具神秘效果。

图39　圜丘最上层坛面与天心石

从圜丘坛向北，迎面是三座拱券式的琉璃门，中间的门高大，两边的相对矮小一些。穿过大门，就进入圆形的皇穹宇院落，院内是平时供奉存放神灵牌位的场所。皇穹宇正殿在北面，正对着大门。明代始建，初名泰神殿，嘉靖十七年改称皇穹宇，是一座重檐圆攒顶式建筑。乾隆十七年重建时，改为现在的样式。皇穹宇的整个外观状如圆亭，坐落在2米多高的汉白玉须弥座上，屋顶是蓝色琉璃瓦单檐攒尖顶式，殿中供奉着"皇天上帝"和皇帝祖先的牌位。正殿的东西两侧都有配殿，配殿是单檐歇山顶式建筑，面阔五间，分别供奉着日月星辰和云雨雷电等诸神牌位。

整个皇穹宇建筑群被一道圆形的墙围合，墙体用细砖砌成，做工精细考究，围墙内侧弧度规则，壁面光滑平整，两人分别站在围墙的不同地点贴墙讲话时，由于墙体的连续折射，即使说话的声音很小，两人互相看不见，也能使对方清清楚楚地听到，这就是天坛有名的"回音壁"现象。另外，皇穹宇正殿前甬道从北向南数的第十八块石板被称作"对话石"，人站在这块石板上讲话，即便声音不大，位于东西配殿后的人也能听得十分清楚。正殿前从须弥座开始数的甬道第一、第二、第三块石头被称为"三音石"。人站在第一块石板上说话或击掌，可以听到一次回声，如果站在第二块石板上，可以听到两次回声，站在第三块石板上，听到的回声是三次。"三音石"又被称为三才石,比喻"天、地、人"三才。皇穹宇院落内奇特的声音现象,都可以得到科学的解释。不过,这种奇妙的声音现象,在祭天的场所,却营造出不同凡俗的"人间私语,天闻若雷"的神秘效果,告诫人们吴天上帝明察秋毫,人间的一切善言恶行都在他们的眼中,在上天面前,没有什么是可以隐藏的。

图40 皇穹宇建筑群

祈谷坛是明、清时期皇帝孟春祈谷的场所,位于天坛祭祀建筑中轴线的最北边,南面与丹陛桥大道相连,整个建筑群被一道方形的院墙围合。院墙的东、南、西、北四面各有一座拱券门,进入南券门,迎面有一座形体高大的五开间的大门,上覆蓝色琉璃瓦,下有汉白玉基石,这就是祈年门。祈年门内是宽敞的院落,院落东、西各有九开间的配殿一座。主殿是祈年殿,在院落靠北居中,大殿的下面是三层汉白玉石头基座。殿体和基座都是圆形的,与院墙形成外方内圆的格局。明朝初建时,祈年殿是一座方形的大殿,后来天地分祭,才将殿改为圆形,大殿三层屋顶的颜色不一样,从上而下,分别是蓝色、黄色、绿色。乾隆时重修,大殿仍然为三层,圆形屋檐,攒尖顶,宝顶鎏金,三层瓦顶均为清一色的蓝瓦。祈年殿后面的皇干殿,是一座五开间的大殿,明代初建时叫天库,用于平日供奉存放祈谷坛奉祀的神位。祈谷坛边还有神库、神厨、宰牲亭、长廊等附属建筑。整个建筑群雄伟壮丽,气势非凡。

图41　祈谷坛建筑全景

天坛的整体布局和设计手法都是为了突出"天"的主题,营造祭天时肃穆崇高的气氛。天坛占地面积大,不过建筑不多,也不密集,大片的地方由青松翠柏覆盖,一进入天坛,四围树木环抱,顿觉清爽宜人,清幽的环境将市井喧嚣阻挡在外,增强了和自然宇宙的亲近感。坛庙内植树,古来就有。"坛为装石之土坛,似植树于其上,祭祀在坛上行。……要之坛必植树,则无疑也。日本太古之祭典,则筑矶城,植神篱,此殆传自中国者。"[1]天坛内有三四千株参天古树,大部分是松柏,也有槐树,明清时期种植的居多,少数是元代种植的。古树盘根错节、藤干相绕的姿态,有助于营造肃穆圣洁、祥和宁静的祭坛氛围。

天坛内的祭祀建筑整体偏东,从坛西门进入后,要走很长的路才能到达祭坛,行走的过程,似乎就是在慢慢远离凡尘人间,走进神灵的世界。开阔的视野和辽阔的空间,使人能够感受到上天的伟大与人自身的渺小,对上天神灵顿生崇拜敬畏之情。这种心理氛围的营造在丹陛桥的设计中也有体现。这条长长的大道,南面高出地表约1米,北面高出地面约4.5米。祭祀时,皇帝率领大臣走在大道上,道路由北向南逐渐升高,象征性地体验步步高升的登天之路,在漫长的路程中似乎在慢慢接近上天神灵。

古代工匠们在天坛建筑数字、形象、色彩的应用上,都采用了象征的手

TANMIAO JIANZHU TONG SHENLING

---

① 〔日〕伊东忠太:《中国建筑史》,陈清泉译补,上海:上海书店,1984年版,第77—78页。

法,营造出祭天的建筑意象,满足祭祀者精神崇拜的需要。建筑中的数字也有讲究,从阴阳来说,天为阳,地为阴,阳数中最高的数字为九。九就是最大、最高、无限的意思,古语中说的"九霄""九天""九重天"中的"九"就是这个含义。天坛圜丘最上一层的扇面石,都是"九"的倍数,象征九重天,是天地居住之所。圜丘三层平台的台阶,每层的台阶也是九步,处处使用"九"这样的数字,突出了"天"的观念。祈年殿是皇帝祈祷五谷丰登的地方,也是按照"敬天礼神"的思想设计的。大殿的柱子分里外三层,据说是按天象列柱的,数字切合天象。里层的四根大柱,象征一年四季;中间的十二根柱子,象征一年的十二个月;外层的十二根柱子代表一天十二个时辰。外层和中间加起来二十四根柱子,正好与二十四节气吻合。三层柱子数总共二十八根,象征天上的二十八宿。

图42　祈年殿

　　天坛建筑多用蓝色琉璃瓦覆顶,皇穹宇殿、祈年殿的屋顶,圜丘四周矮墙的墙顶,各个配殿与院门的屋顶都是蓝色琉璃瓦。蓝色是天的颜色,天坛多用蓝色代表天的形象。另外,白色在建筑中运用得也较多,圜丘、汉白玉大殿基座、圜丘的棂星门,都晶莹洁白。大片的白色衬托出了祭坛的空灵和圣洁,给人幽远、开阔、崇高的感觉。在苍松翠柏的环抱中,皇帝率大臣们祭天,脚下是一片白色,抬眼看去满眼是与天空相近的蓝色,再加上鼓乐和鸣,香烟缭绕,人们仿佛脱离凡尘,处身蓝天白云间,在天界敬拜神灵。

天圆地方是古人对天地的朴素认识,天坛内建筑大量使用方和圆的造型。天坛围墙,是上圆下方。圜丘三层是圆形,内外两道矮墙则是内圆外方。皇穹宇殿和围墙都是圆形,祈年殿与三层基座为圆形,院墙是方形。通过圆形和方形的结合与变化,将天圆地方的观念用建筑形象地体现了出来。祈年殿和皇穹宇殿,都是圆顶攒尖,它们的台基和屋檐都是层层内收,形成挺拔入云、与天接近的形象。

图43 天坛主要建筑群

三、左祖右社的格局

"左祖右社"是《周礼·考工记》中对王城规划提出的原则。古代营建都城,非常重视坛庙礼制建筑的修建,一般把祭祀皇帝祖先的太庙放在王城中央宫城的左边,把祭祀社神与谷神的社稷坛放在宫城的右边,形成"左祖右社"的格局。秦汉时期,以宫为城,宫前的左祖右社符合古制,但是位置实际上在城郭之外。元代大都城是按照古代王城的营建制度规划营建的,太庙和社稷坛在都城的东西两边,不过位于皇城之外。明朝迁都后,对北京进行改建,将太庙和社稷坛移到了皇城内紫禁城的前面。北京明清太庙和社稷坛,是现在能够见到的按"左祖右社"布局的最早的坛庙建筑。

北京太庙在紫禁城午门外的左侧,是明清两代皇帝供奉、祭奠祖先的地方。《周礼》中对祖庙的规模和等级有规定:"古者天子七庙,诸侯五庙,大夫二庙,士一庙,庶人祭于寝室。"太庙是帝王祖庙,等级形制最高。北京太庙始建于明永乐年间,占地面积约16.5万平方米,现存建筑为嘉靖年间重修。据文献记载,嘉靖十四年(公元1535年)明世宗朱厚熜曾将祭祀的大殿从一座改为九座,实行分祭制度。六年后,九座祭殿中的八座被雷电击中,烧毁。人们认为这次灾异是先皇们不愿分开的征兆,嘉靖二十四年太庙重建时,又恢复了同堂共祭的传统。清朝又对太庙进行了多次重修和扩建,乾隆五十三年扩建时,将前殿从九开间扩大为十一开间。

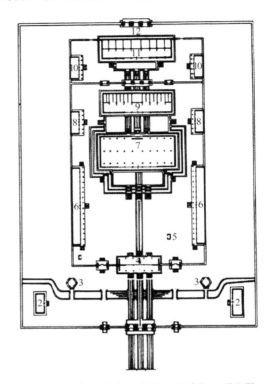

1.前门 2.库房 3.井亭 4.战门 5.焚香炉 6.前配殿
7.前殿 8.中配殿 9.中殿 10.后配殿 11.后殿 12.后门

图44 北京太庙平面图

整个太庙建筑群由高达9米的墙垣围合,形成一个长方形的封闭幽深的院落。太庙的主体建筑呈中轴线对称布局,五彩琉璃门、戟门桥、戟门、前殿、中殿、后殿由南向北依次排列在中轴线上。院落南墙上是太庙的正门,也称太庙街门,是皇帝到太庙祭祀时所走的门。西面院墙上也辟有门,与端门的内庭院相通,以方便皇帝从紫禁城出入太庙。街门向北有一道东西向的红色墙垣,墙体中间有三座券式门洞,南北两侧各有一座方形门。中间的三座券门下面是白石须弥座,上面镶嵌有彩色琉璃,色彩鲜明,叫作五彩琉璃门,五彩琉璃门是太庙祭殿的正门。琉璃门内是玉带河与金水桥,桥为汉白玉石桥。中间三座桥从五彩琉璃门直通戟门前的台阶,最外侧的两座桥各通向五彩琉璃门东、西的方形门。南面东、西是神库与神厨,桥北面东、西各有一座六角井亭。

图45　北京太庙

戟门是太庙建筑群院落的主要入口,也是最高等级的礼仪之门。戟门面阔五间,是黄琉璃瓦单檐庑殿顶式,屋顶起翘平缓,坐落在有护栏围绕的汉白玉须弥座上,正门两侧各有旁门一座。戟门内外原有八个戟架,每个戟架上插戟十五支,共陈列一百二十支戟。太庙中设戟于门,可能和古代战争必须祭祀祖先的传统有关。春秋时期,战争频起,部族首领必然要打仗,只有打了胜仗,才能建功立业。后代对祖先在战争中建立的丰功伟业,充满崇拜、敬畏,因此,出兵打仗前,就要祭祀祖先,向祖先请示。祭祖时,要说明战争的原因,指控对方的罪行,使出征合理化。然后,就在太庙里任命将领、分发武器。古代帝王外出,在住宿处也会插戟为门,将此用于太庙,也可能有事死如生的意思。总之,都摆脱不了和战争、武器的关系。

戟门内的庭院很开阔,门内稍东与西南方各有一座黄砖燎炉,祭祀时用来焚烧祝帛。戟门向北是太庙的主体建筑前殿,前殿也叫享殿,是皇帝举行大祭的场所。前殿面阔十一间,用的是最高等级的重檐庑殿顶,上铺黄琉璃瓦,修建在三层的汉白玉石台基上,周围有雕刻精美的汉白玉石栏杆围护,须弥座南侧的御道上,有雕刻精美的云龙、狮子滚球等图案。整个建筑形制与紫禁城内的太和殿相仿,庙宇和宫室住宅建筑样式差不多,是中国坛庙建筑的特点之一。日本学者说:

祭祖先则有庙,庙与普通之住宅,完全一式。安祖先之位于其中而

礼拜之,对其位供以饮食,读祭文,盖仍视祖先如存在也。……君主祀祖先之处,名曰太庙。虽为重要之建筑,实则仍与普通之宫室相同。又功臣及特别人物,亦视为神而祭之,其庙亦与普通住宅无异。因中国之建筑,首先发达者为住宅宫室,故庙祠等之建筑,乃仿其形式而作之。①

早期的一些祭祀建筑兼有颁布政令和祭祀的功能,也可看出普通宫室住宅与祭祀建筑的渊源关系。作为祭祀神灵的场所,太庙前殿在色彩上采用清淡素雅的冷色调,这和宫城内殿堂的浓艳华丽是有区别的。前殿正面檐下有满汉文对照的"太庙"九龙贴金额匾,殿内的梁柱饰金,金砖铺地。六十八根大柱和主要梁材都用金丝楠木。殿内有安放皇帝、皇后牌位的金漆雕龙雕凤神座,座前有香案、供品等。每年四季的首月,皇帝要举行时享,岁末举行祫祭,遇新皇登基、亲政、大婚、上尊号、上徽号、万寿、册立、凯旋等朝廷大事时,要进行告祭。前殿两侧,分别有十五开间的配殿,东配殿用来供奉满、蒙有功亲王的牌位,西配殿供奉满、蒙、汉文武大臣的牌位。

图46 北京太庙前殿

中殿,又名寝殿,在前殿的后面。此殿面阔九间,单檐庑殿顶,上铺黄色琉璃瓦,下有白色汉白玉台基。寝殿是平时供奉皇帝祖先牌位的地方,采取同堂异室的方法供奉,殿内正中供太祖,其余各祖分供于夹室。各夹室内陈

---

① 〔日〕伊东忠太:《中国建筑史》,陈清泉译补,上海:上海书店,1984年版,第43-44页。

设有神椅、香案、床榻、褥枕等物,祖先牌位供奉于褥上,象征祖先灵魂起居安寝。祭祀前一天,将牌位请出,抬到前殿神座上安放,祭祀后送回。中殿两侧东西配殿为五开间,是存放祭器的地方。中殿之后是后殿,后殿四周围有红墙,形成一个独立的院落。后殿的建筑形式和中殿相仿。此殿供奉的是皇帝的远祖神位,因而也叫作祧庙。

图47 太庙寝殿内景

太庙祭殿院落与外围墙之间的大片区域都种植有成片的柏树,多数柏树植于明代太庙初建时,少数为清代种植,树龄高者达500年之久,低者也在300年以上。明成祖朱棣当年亲手植的柏树,领群柏之首,至今仍长得枝叶繁茂,郁郁葱葱。形态各异的柏树与重重院落,形成太庙内幽静、神秘、肃穆的环境。

北京社稷坛是明、清时期历代帝王祭祀土地神和五谷神的地方,位于紫禁城前方的右侧,符合"左祖右社"的古制。社、稷分别指的是土地神和五谷神。《考经纬》中称:"社,土地之主也,土地阔不可尽敬,故封土为社,以报功也。稷,五谷之长也,谷众不可遍祭,故立稷神以祭之。"土地能够孕育万物,生长庄稼,为人们提供生存的食粮,养育人类。先民们对土地的崇拜由来已久,于是出现了土地神。据说,土地神是神农氏的第十一世孙,叫句龙,他能够辨别土壤,平整九州土地,曾任土正官,死后成为掌管土地的社神。稷,本来是一种谷物,后来被人格化为谷神,传说他是周族的祖先后稷。后稷的母亲姜嫄在野外踩到巨神的脚印而受孕,后来生下后稷,怕不吉利,便把他扔到荒野之中,但是,牛羊的乳汁哺育了他,飞鸟的羽毛为他保暖,后稷竟然活了下来。他精通农耕,教人们种植五谷,后稷死后,所葬之处,百谷自生,他成为掌管谷物的神。社稷合起来,代表农业,也代表国家政权,历代帝王对社稷的祭祀都很重视,但社稷分祭还是合祭并未形成定制。

图48　北京社稷坛

　　明初实行社稷分祭,设太社和太稷两坛而祭,洪武十年(公元1377年)合为一坛祭祀。明永乐年间定都北京后,建立社稷坛合祭土地神和五谷神。社稷坛所建的地方是唐代幽州城东北郊的一座古刹,辽代扩建为兴国寺,元代时改称万寿兴国寺,位置已在大都城内,明代永乐十九年(公元1421年)在此修建了社稷坛。社稷坛占地面积24万平方米,比太庙大,平面呈长方形,主体建筑戟门、社稷坛、拜殿等由北向南排列于全坛的中轴线上。外坛墙上东、南、西、北四面正中各有一门,社稷坛祭祀是坐北面南进行,与天坛、太庙的方向相反,北门是它的正门,主体建筑也整体靠北布局。北门采用黄琉璃瓦顶,歇山顶式,面宽20米,其下有三个拱券式门洞。北门内是戟门,面阔五间,有三个门洞,过去每个门洞里陈列一丈多长的"银镦红杆金龙戟"二十四支,共七十二支,戟门因而名副其实。八国联军入侵时,铁戟被全部掠走。戟门南面是拜殿,是皇帝祭祀时休息的地方,如祭日有雨,就在殿内行祭礼。殿中没有天花板,斗拱、梁枋全都外露。传统中设坛露祭不建拜殿,因为土地只有承受了风雨雪霜,才能接天地之气,如果修殿宇,怕不接"天地之气",惹恼神灵。朱棣营建北京城时,有所改变,在坛台北面建了这座拜殿。

拜殿的南面为社稷坛，是举行祭祀的地方。坛为方形土台，象征地方之说，用汉白玉石砌成，自下而上逐层收缩，形成三层，四边正中都有台阶，各三级。坛台边长15米，高出地面约1米。坛上铺设五色土，东为青色土，南为红色土，西为白色土，北为黑色土，中间为黄色土，象征金木水火土五行，以五行之色对应五方。五色土是全国纳贡来的，代表"普天之下莫非王土"，体现帝王江山一统的愿望。每年春、秋祭祀时，会铺垫新土。坛中央有一个土龛，立有方形石柱和木柱各一根，代表社神和稷神受祭祀。后来两柱合为一柱，叫作"社主石"，又名"江山石"。祭祀时，石社柱一半埋在土中，祭礼结束以后全部埋入，上边加上木盖。方坛的四周有一道低矮的坛墙围合，坛墙也呈方形，墙上镶嵌有琉璃砖，坛墙的颜色也按东、南、西、北四方，分别为青、红、白、黑四种颜色。每面墙的中间各设一座汉白玉石棂星门。

图49 社稷坛五色土

坛西门附近，还建有神厨、神库和宰牲亭等，祭祀时用于存放祭器、祭品。方坛内不植树，但坛外园区内却是古柏环绕，遮天蔽日，百年以上树龄的古柏有上千棵，南门内的七棵，相传树龄已有千年。社稷事关江山大事，明清时期每年春秋皇帝都要到社稷坛举行大祭，如果遇到出征、班师回京等大事，也要在此举行大典，祭告社稷神灵。

四、民间祭祖的宗祠

祭拜祖先是古人生活中的大事,古代尊卑长幼的宗法制度是以血缘关系将人们维系在一起的,在重视血统和出身门第的社会中,追先祖、敬祖宗是皇帝到庶民从上而下都很看重的活动,只不过祭祀者的身份地位不同,祭祀场所和规模有区别而已。祭祀祖先的场所可以在墓地,也可以在室内,专门修建用来祭祀祖先的建筑,叫作"庙",也可称为"祠"。帝王的祖庙称为太庙,臣民的祖庙只能叫作家庙或祠堂。我国是礼制社会,对于祭祀祖先的祠庙有严格的等级规定,《礼记·王制》中规定"古者天子七庙,诸侯五庙,大夫二庙,士一庙,庶人祭于寝"。

图50　俞氏宗祠五凤门楼

有很长一段历史时期,建庙祭祖是皇室、贵族的特权,一般老百姓没有能力也没有资格建造祖庙。先秦时期,黎民百姓和普通官僚修庙祭祖是不允许的,他们只能在自家的居室中辟出专门的区域祭祀祖先。另外,墓前祭祀也是民间较为普遍的一种祭祀方式,从战国到春秋时期,民间多采用这种方式祭祖。魏晋以后,虽然朝廷不完全禁止民间修建祖庙,但是,对于祖庙的等级规定仍然很严格,有资格修祖庙的人仍然少之又少。民间祭祖祠庙建筑的兴盛是在明清时期,明世宗嘉靖皇帝允许民间修庙祭祖,于是,各地涌现出不少祠堂,老百姓从此有了专门祭祖的地方。到了清朝,民间祠堂修建有增无减,特别是曾经出过名人、有过高官等拥有显赫历史的家族,更是把兴修祠堂作为追祭祖先、强化血亲关系、训教后代、增强同族人身份认同和家族荣耀感的头等大事。如今,安徽、广东、福建、山东等地所留存的祠堂中,以明清祠堂的数量最多,其中不少祠堂规模大、建造精、装饰美,具有很高的艺术水平和历史文化价值。

图51　门楼下密叠的斗拱

家庙祠堂是祖先灵魂聚居、接受供奉的场所,按照古人事死如生的观念,由人们的生活推求,祠堂也应该能够为祖先神灵提供饮食、起居甚至娱乐的空间,因而其建筑形制与人们居住的住宅差不多,虽然各地的祠堂会有一些差异,但和当地的普通住宅总是有相通之处。从祠堂建筑的来源看,它们与住宅也有密切的关系。民间祠堂的形成大概有三种情况:由前辈居住的房屋改建而成;正寝的东面设四龛而成;脱离居室独立修建祠堂。前两种祠堂本质上就是住宅,最后一种建造形制也受住宅形制的影响。古代传统的合院式住宅形式也被祠堂采用,一座祠堂实际上就是一个院落,主要建筑分布在中轴线上,从外而内,依次建有大门(前有牌坊或照壁)、享堂、寝室,左右还建有廊庑,享堂、寝室有天井。为了显示祠堂的肃穆和威严气氛,大门一般修建得很气派。享堂是族人祭祀或聚会的地方,前面不设门窗,为开敞式。寝室是平时安放祖宗牌位的地方。在南方,普通民居中这种两进两天井的院落也十分普遍,当然,这只是院落祠堂最基本的形式,一些望族大家往往修建规模宏大的祠堂,因而在基本形制的基础上还会增加院落和房舍。

图52　门楼上繁华绮丽的木雕

　　江西婺源汪口村的一条千年古街上,有一座俞氏宗祠,是当地聚居的俞氏后人祭祀祖先的家庙。俞氏祠堂建于清朝乾隆年间,由当时在京为官的族人俞应伦回乡时带头捐资兴建。兴建祠堂时,俞氏一族在汪口村历经宋、元、明、清几朝已生存繁衍了700多年,家世显赫,人才辈出。俞氏在村中以勤俭耕读治家,有贤良仁德之风,读书获取功名、在朝为官等成大器者,历代不乏其人。从宋代到清代,经科举考试中进士的俞氏族人共有十四人,任七品以上官员者七十多人。文人、学士著作达到二十七部之多,九人以文采出众而闻名于世。另外还有不少巨商富贾和精通书画、篆刻等各种技艺的贤达名流。纵观俞氏家族在汪口村的历史,可谓英才辈辈出,贤能代代有。

　　俞氏家族的昌盛和子孙的贤达,似乎也证明了宋朝时先祖俞杲举家搬迁、选择在此地建村所具有的先见之明。据说,当时,俞杲作为秀才,从皖南山区进京赶考,途中来到了一个两河交汇的地方,此处终年流水不息,山清水秀,土地平整,能够藏风聚气,是一块适合休养生息的风水宝地。于是,他就默默记住了这个地方,返回故乡后,全家迁徙,在这个当时名叫“永川”的地方兴建了村子,俞氏子孙聚族而居。到了明清时期,位于两水汇合之处的汪口,成为徽州与饶州水上交通的商业物资集散地,商业十分发达,古街上店铺林立,商人往来云集,船运来去繁忙。俞氏家族的兴盛和英才辈出,提升了村庄的地位,到了清朝,汪口村的盛名达到了极致。俞家人得到皇帝的恩准,在村里兴建了祠堂,作为慎终追远、敬宗收族、将忠良贤孝的祖德和家风传承发扬的场所。

图53 俞氏宗祠享堂

　　俞氏宗祠是一个三进的院落,坐西北朝东南,由大门、享堂和后寝组成,依中轴线排列,平面呈长方形,占地约1116平方米,主体建筑两侧有花园,从祠堂院落前进和后进的侧门都可进入,花园内尚有存活百余年的桂树。祠堂的大门规制很高,是宫廷建筑中常见的"五凤门楼",民间很少见。由于俞杲曾经做过太子的老师,皇帝恩准将祠堂大门修建为"五凤门楼"。门楼

图54 层叠架构的顶梁及雕刻

为木结构,青瓦覆顶,檐角高翘,檐下斗拱密叠,工艺十分精巧。门侧看到的两面木鼓,叫"抱鼓石",也称"避面"。在讲究伦理尊卑的古代家族中,辈分小的人见了辈分大的人一定要行礼,婺源是朱熹的故乡,人们十分尊崇朱子之理,辈分之礼很严格。祠堂进行祭祀等活动时,族人见面,必然要行礼。在整个大家族中,有些人年龄很大辈分却低,有些人虽年幼,但辈分高,"摇车里的爷爷,拄拐杖的孙子"是常见的事。为了避免胡子一大把的老人与辈分比自己高而年纪小的族人相见时尴尬,同时又不失礼数,于是就在祠堂门口设置了"避面",让年纪大的人回避一下,因此也叫"避羞鼓"。有一些没有功名的族人不好意思见小辈,也可以躲在后面。抱鼓石在古代大宅子和祠堂的大门侧很常见,常常是石质材料,形似圆鼓。

图55　避羞鼓

　　进入大门回看,门楼内侧题写着"生聚教训"四个大字,源自于春秋战国时期越王勾践卧薪尝胆的故事。越王被吴王勾践俘虏后,暗下决心实现"十年生聚,十年教训"的计划,终于使国家强盛起来,一举复国。这四个字用在祠堂中,寄托了俞氏族人希望子孙勤俭持家、励精图治、永葆家族繁荣昌盛的意思,这是一种美好的愿望,同时也是对子孙后代的训诫。大门与享堂之间有天井,两侧有廊相连,在享堂前形成了开阔的空间。享堂是宗族举行祭祖仪式等活动的地方,是祠堂的正厅。享堂顶上两根主梁上各有一"福"字,一"寿"字,因此被称为福寿双全。享堂内顶梁以南瓜为基,冬瓜为梁,层叠架构,"瓜瓞延绵"为主的雕刻,果实累累的形象寓含着子嗣昌盛、人丁兴旺的象征意义。堂内挂有许多匾额,"仁本堂"为享堂名称;"乡贤"指俞氏族人多有道德、有才能的人;"父子柱史"指俞氏族人中父子都为史官的辉煌和荣耀;"程朱一脉"指家族对程颢、程颐和朱熹的学说,即"程朱理学"的尊崇。另外,还有"道学名家""文元""亚魁""拔贡"等。宗祠最后的部分是寝堂,上下两层结构,主要供奉列祖列宗的牌位。

图56　祠堂内的祖先画像与牌位

祠堂是家族身份和权力的代表，一个家族，尤其是名门望族在祠堂修建上不惜花大量的人力、物力、财力，务求华丽堂皇，要能够充分体现出对祖先德行怀念的虔诚和显赫家世的身份与荣耀。祠堂位置选择要讲究风水，建筑体量比一般民居要高大巍峨，建筑工艺、用料也非常考究。俞氏宗祠依山面水，以樟木、银杏木为材，燕雀不栖，百虫不蛀。祠堂中有十分精美的砖雕、石雕、木雕装饰，尤其是木雕，细腻工巧，手法高超。凡是梁枋、斗拱、卷棚、雀替等用木之处皆有巧琢奇雕装饰，雕刻手法多样，线雕、浅雕、深雕、圆雕、透雕一应俱全。双龙戏珠、双凤朝阳、万象更新、风平浪静、福如东海、水榭楼台、飞禽走兽、草木花卉、人物戏文等百余组图案，分布在祠堂内。所有的雕刻都是精工细作，用二十年时间才完成。雕刻图案虽然众多，但都是为了适应祠堂的功用，寓含着对家族美好前景的向往和教化后人的意义，符合明清时期纹饰"图必有意，意必吉祥"的原则。雕饰图案十分注重社会教化的意义，将圣贤的遗训和祖先的美德形象地寓含其中，通过刻画儒家教义和历史故事，弘扬孝子、义士的贤良品德，还有文人读书取仕故事的刻画，以此来训诫引导族中子弟以耕为本、以读荣身，求取功名，从而光耀门庭。

祠堂除了供奉祖先牌位、祭奠祖先英灵、追怀祖先德能的首要功能外，还具有其他功能。清朝雍正皇帝在《圣谕广训》中说："立家庙以荐蒸尝，设家塾以课子弟，置义田以赡贫乏，修族谱以联疏远。"设家塾、置义田、修族谱也是在祠堂中或者通过祠堂要完成的任务。[1]祠堂也是族人举行各种礼仪

坛庙建筑通神灵　TANMIAO JIANZHU TONG SHENLING

---

①楼庆西：《中国古建筑二十讲》，北京：生活·读书·新知三联书店，2001年版，第81页。

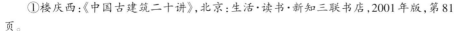

庆典活动的场所，比如各房遇到婚丧嫁娶的大事就可利用祠堂作为活动空间。一些祠堂还建有戏台，一般位于享堂对面，门屋后面，遇到年节，可以在祠堂中唱大戏，族中男女老幼都能参与，热热闹闹，娱神、娱人、教化的功能被统一到一起，能够更好地团结全族人。

图57　祠堂内木雕局部图案

作为家族权力中心和精神的象征，祠堂的教化作用很突出，通过祭祀追怀祖德和制定严格的族规、祠规，祠堂起着向族人宣扬礼教、礼法，正风清俗的作用。祠堂里面或者旁边设的私塾、学堂，可供族中子弟在其中读书受教。商议决断族中大事、惩戒处理违反族规的不肖子孙等活动，也要在祠堂中进行。从这个方面来说，祠堂是执法的地方，如同一个家族的"法庭"。汪口俞氏宗族的族规内容是：一，笃忠贞；二，孝父母；三，睦兄弟；四，敦唱随；五，全恩爱；六，修坟墓；七，勤生理；八，崇礼仪；九，恤贫困；十，安己分；十一，彰公道；十二，敦俭朴；十三，崇节孝。这十三条就是需要族人遵行的道德规范和行为准则，大到事关忠君爱国的大节，小到家庭琐事、日常行为，都有约束。每条下面都有详细的说明和解释，十分清楚明白。"修身齐家治国平天下"，族规的内容可用这句话来概括。可见，祠堂虽在民间，但是在精神上和京城庙堂之上对子民的要求是相通的，族规约束、教化、治理一族之人，同时也为封建王朝培养了符合要求的臣民，为封建礼制的实行和道德伦理、公共秩序的维护提供了最基层的保障。祠规是就祠堂中进行的祭祀等活动对族人行为做的有关规定和要求，俞氏祠规共八条。"祠堂祀典定额，春捻以月十五为期，冬蒸以月十五为例，早备祭仪，不至临时仓促缕草亵渎。"这是第一条祠规，对祭祀典礼的准备工作做了规定，要求族人充分重视，按期完成,不能仓促草率、敷衍了事。另外,祠规还要求族人爱护祠堂、保证祠堂整洁干净,使祖先神灵能够安居其中。这方面祠规中有明确的表述:"祠堂重地,奠祖宗之神灵,子孙之昭穆,整洁修饰,理所宜然,凡柴薪灰炭一切秽物,毋许堆放祠内,居者务宜随时检盖修整,毋得任意滴漏毁坏,庶先灵永安,有所凭依,子孙告虔,倍深敬之谨矣。"总之,祠规能够约束警示族人在祠堂中的行为,维护祠堂作为祖先神灵所在空间的神圣、威严和肃穆感,保持祠堂在族人心目中不可侵犯的权威性。

五、先师人杰的祠庙

古代人们不仅祭祀自己家族去世的先祖,还祭祀对整个部落或社会有作为、有影响的外族成员。正如《礼记·祭法》中说:"夫圣王之制祭祀也,法施于民则祀之,以死勤事则祀之,以劳定国则祀之,能御大菑则祀之,能捍大患则祀之。"各个时期、各个行业里做出突出贡献的贤达名流、英雄人物死后,都会成为古人祭祀的对象。另外还有数不清的医神药王、行业祖师等,也成为神灵,受到后人的祭拜。他们的仁义、智慧、忠勇、刚正、清廉、出神入化的技艺等,是百姓怀念膜拜的对象,是集体共有的精神财富,也是维系民族感情的精神纽带。古代城市、乡间遍布的祠庙建筑中,有不少就是用来尊奉祭祀对整个社会做出巨大贡献的先师人杰的,孔子、张良、司马迁、关公、包拯、岳飞、鲁班、孙思邈等英雄贤达的祭祀香火一直都很旺盛。

孔子是古代伟大的思想家和教育家,他所创立的儒家思想,在两千多年的时间里,一直是占据主要地位的正统思想。他提出的教育思想和讲学授徒的做法,泽惠后世、影响深远。孔子传道、授业、解惑者的伟大形象,堪称万世师表。孔子去世后,人们开始建祠立庙祭祀他。祭祀孔子的建筑可称为孔庙、文庙、夫子庙、至圣庙、先师庙、先圣庙、文宣王庙,最为普遍的是孔庙和文庙之名。

曲阜孔庙是现存建筑中时间最长、规模最大的祭祀孔子的祠庙,最早是由孔子的住宅改建而成的。孔子去世后的第二年,鲁哀公下令祭祀孔子,于是就把孔子生前居住的房子作为庙宇,藏有孔子的衣冠、琴、书和车,供人们每年祭祀。从那时算起,曲阜孔庙已经有两千四百多年的历史了。汉高祖刘邦在公元前195年到鲁国,用太牢之礼(牛羊豕三牲全备的祭祀礼仪)祭祀孔子,开了帝王亲祭孔子的先河。此后,孔庙不断被重修或者扩建,到了宋朝时,孔庙已形成三百多间屋宇的大型祠庙了。后因战火和雷火,庙宇被毁坏,明代重修。清朝雍正年间庙宇又一次遭雷火,雍正皇帝下令督修孔庙,历时六年,建成了目前所见的规模。

图58　曲阜孔庙棂星门

　　孔庙位于曲阜城的中心，坐北朝南，平面为长方形，占地面积327亩多，东西宽约140米，南北全长1000多米，总体形成窄而深长的格局。全庙有一阁、一祠、一坛、两堂、两庑、五殿、十五碑亭、五十三门坊等，前后形成九重院落，房屋共四百六十六间。整座庙宇布局规整，主要建筑依中轴线排列，左右对称，规模宏大，壮丽巍峨，建筑红墙黄瓦，装饰彩绘精美豪华，如同皇家宫殿。

图59　曲阜孔庙大成殿

　孔庙建筑设计空间丰富、节奏感强、主题突出。最前面是长长的神道，两边种植有桧柏。由南向北安置有多重院落,前面为前导庭院,主要建筑有金声玉振坊、棂星门、太和元气坊、至圣庙坊、圣时门、壁水桥、弘道门、大中门、同文门、奎文阁、十三碑亭等。这几进院落的座座门坊、道道院墙,增加了空间的幽远,似乎象征着朝圣祭拜之路的漫长。门坊上的匾额、碑亭中的文字、巍然耸立的奎文阁空旷庭院中密植的柏树,营造了坛庙建筑应有的庄重、肃穆的气氛,身处这样的空间中,人们就会清心净念,油然而生对孔子丰功伟绩的仰慕,恭敬祭奠之心更加虔诚。从大成门开始,孔庙的建筑有左、中、右三路,中路是孔庙最核心的建筑群,有大成门、杏坛、大成殿、寝殿、圣迹殿和东西两庑。杏坛相传为孔子讲学授徒之处,最初是露天的三层砖台,周围环植杏树,金代开始在坛上建亭,现在看到的杏坛为重檐十字脊方亭,黄瓦朱栏,亭内雕梁画栋,彩绘精美,正面两檐之间高悬一块蓝底的竖匾,上面写有"杏坛"两个金黄色的大字,是清朝乾隆皇帝亲笔书写的。坛前置有石刻香炉,为金代旧物。中路建筑主要祭祀孔子和儒家先贤。左路建筑有承圣门、诗礼堂、古井、鲁壁、崇圣祠、孔子家庙,可分前后两部分,前面是孔子故宅,后面的崇圣祠是祭奠孔子上五代先祖的建筑,家庙是孔氏后人祭奠祖先之处。右路是祭祀孔子父母的场所,主要建筑有启圣门、金丝堂、启圣王殿和启圣王寝殿等。

图60　大成殿内的神龛、孔子塑像及神位

大成殿面阔九间,重檐歇山顶式,修建在两层的雕石台基上,四周有回廊相绕。大殿以黄色琉璃瓦覆顶,正面有十根精雕的蟠龙石柱,每柱雕有　071

"双龙戏珠",绕以云焰,衬以波涛,雾绕龙翔,栩栩如生。殿内藻井,雕有贴金盘龙,璀璨夺目。檐下斗拱密叠交错,梁枋装饰华丽精美。整个大殿基本按皇家大殿设计修造,形制略低于故宫太和殿。殿内正中雕龙贴金、制作精美的神龛内,供奉着孔子塑像及神位。神龛东西两侧,分别安放着颜回、孔伋和曾参、孟轲四位配祭者的塑像。另外还有十二哲的塑像,他们是:闵损、冉雍、端木赐、仲由、卜商、有若、冉耕、宰予、冉求、言偃、颛孙师、朱熹。大成殿前有一个三面围有透雕图案栏杆的宽阔月台,是古代祭祀孔子时举行乐舞的地方。

中国古代无论都城、府城、县城等,都有祭祀孔子的庙宇,孔庙分布地域很广。孔庙内大多建有儒家学校,也就是学宫。学宫是孔庙建筑群很有特色的组成部分,其位置或在庙旁,或在庙后,如处都城中,则称太学,如在地方上,则称庙学。现在各地还留存有不少孔庙、文庙建筑,如北京孔庙、安顺文庙、四川富顺文庙、上海嘉定孔庙、杭州孔庙等。散布各地的大小孔庙,建筑布局一般较为规范,大都呈中轴线排列,左右对称,照壁或者牌坊、棂星门、大成门、大成殿等,是中轴线上基本的主体建筑,两侧分别都有厢房或者配殿。

图61 四川自贡市富顺文庙

文有孔子,武有关羽,关羽与孔子并称为文武二圣,受万民敬仰,被世代尊奉。作为三国时蜀国的名将,关羽曾叱咤疆场,横扫千军,以忠义勇猛闻名于世,成为世人敬仰的英雄豪杰。关羽去世后,受到封建帝王的封赏和褒奖。宋朝时哲宗封他为显烈王,国力屡弱时,封号尤多,宋徽宗连年多次加封,将关羽先后封为忠惠公、崇宁真君、义勇武安王。显灵义勇武安英济王是元文宗对关羽的封号,明神宗时关羽又被封为协天护国忠义帝,清政府尊他为三界伏魔大帝、神威远镇尊关圣帝君、忠义神武关圣大帝。封建帝王的大力封赏,代表了对关羽的功业和其代表的品德精神的提倡和崇尚,也寄托了帝王们的家国梦想,希望不断有臣下像关羽一样忠义、勇猛,成为国家的守护神。另外,《三国演义》、戏剧等作品的广泛传播,也使关羽的形象更加深入人心。"单刀赴会""千里走单骑""义释曹操""刮骨疗毒"等故事,将关羽勇敢、忠义、铁骨铮铮的形象描绘得生动鲜活。在不断流传中,关羽的形象被神化。

图62　解州关帝庙结义园牌坊

　　《三国演义》中所描写的关羽就是被神化的形象,关羽死后在玉泉山显灵的情节神化色彩更为浓厚:关羽中东吴吕蒙之计,被孙权部将马忠等擒获杀害后,魂灵不散,荡荡悠悠来到玉泉山上,受僧人普静度化,顿悟,自此后常在玉泉山显圣护民,乡人感念其德,就在山顶上建庙,四时祭祀。关羽还曾显灵于孙权为众将举行的庆功会上,恐吓威胁,使吕蒙七窍流血而死。[1]关羽显灵的故事隋代开始流传,以后历代不断丰富。封建帝王的推崇和民间的神化,使关羽死后由人而成为神和帝,甚至成为无所不能的神明,受到人们的崇拜和祭祀。《三国演义》中引诗曰:

①罗贯中:《三国演义》,北京:人民文学出版社,1953年版,第634-636页。

图63 解州关帝庙正门

> 人杰惟追古解良,士民争拜汉云长。
>
> 桃园一日兄和弟,俎豆千秋帝与王。
>
> 气挟风雷无匹敌,志垂日月有光芒。
>
> 至今庙貌盈天下,古木寒鸦几夕阳。[1]

由此可知,古代祭祀关公的庙宇广布全国。不仅国内庙宇众多,香火旺盛,而且在海外华人聚集的地方,韩国、越南、新加坡等地也有祭祀关公的庙宇。"当时义勇倾三国,万古祠堂遍九州",说的就是大江南北、长城内外广修庙宇祭祀关公的盛况。

山西运城市解州是关羽的故乡,他的出生地就在距解州镇10公里的常平村。解州镇西关有一座关帝庙,久负盛名,在遍布全国的关帝庙中,占地面积最大,是名副其实的武庙之祖。解州关帝庙始建于隋代,宋代、明代都曾重建。清代康熙四十一年(公元1702年),关帝庙被大火烧毁,后来历时十年重建。现在看到的关帝庙,还一直保持着清朝重建后的基本格局和规模。解州关帝庙坐北向南,北面靠着盐池,面对着中条山,据山川形胜,风景秀丽。全庙可分为南、北两大部分,南为结义园,北为正庙。正庙又分为前院和后院,前为庙堂,后是寝宫,形成了皇家宫殿常用的"前朝后寝"的布局

①罗贯中:《三国演义》,北京:人民文学出版社,1953年版,第634页。

模式,这与关羽受封为神帝的身份相匹配。

图64　解州关帝庙气肃千秋坊

　　结义园是依照当年刘、关、张桃园结义的情景设计建造的。园内建筑有结义牌坊、结义阁、君子亭、假山和莲池等。园内山水相依,广植桃树,花木繁盛,似乎是涿州桃园结义情景的再现。结义坊为纯木结构,比例协调,造型优美,四柱三门重檐式,檐下斗拱交错,装饰彩绘华丽,坊后有卷棚式抱厦相连。牌坊正面书写"结义园",背面书"山雄水阔"。园内还有结义石碑一方,上面刻着刘、关、张三结义的图案,白描手法,线刻人物,构图巧妙,刻技高超。精心刻画的三结义场景是园中的画龙点睛之笔,突出了结义园的主旨情趣。

　　北面的正庙,仿宫殿式布局,共有殿宇百余间,牌楼高耸,殿阁巍峨。东西横轴线上有东、中、西三院。东院有崇圣祠、三清殿、祝公祠、葆元宫、飨食宫和东花园。西院有长寿宫、永寿宫、余庆宫、歆圣宫、道正司、汇善司和西花园。两院前庭还有"万代瞻仰"坊、"威震华夏"坊。东、西院是主庙的附属建筑群,分列中院两侧,基本对称。中院是庙宇主体,前院中轴线上依次建有琉璃照壁、端门、雉门、戏台、午门、山海钟灵坊、御书楼和崇宁殿,两侧是钟鼓楼、大义参天坊、精忠贯日坊、追风伯祠。后院中轴线上的建筑是气肃千秋坊、春秋楼,两侧刀楼、印楼对称耸立。整座庙宇庭院中古柏参天、绿草盈盈,笼罩着庄严肃穆的气氛。

坛庙建筑通神灵
TANMIAO JIANZHU TONG SHENLING

图65　解州关帝庙崇宁殿

　　崇宁殿是主庙前院大殿,因关羽曾有"崇宁真君"封号而得名。这是一座重檐歇山顶式建筑,面阔七间,进深六间。殿周建有回廊,回廊周围安置二十六根蟠龙石柱。檐下装饰丰富,殿前月台宽敞。殿中神龛中供奉有关羽身着帝王装的塑像,龛前有铸造精美的青铜几案。神龛上康熙书有"义炳乾坤"的匾额,大殿正面檐下悬挂着康熙皇帝题写的"神勇"匾额,是清朝惯用的金底蓝字。门楣上方还有"万世人极"的横匾,是咸丰皇帝题写的。殿内外帝王们题写的匾额,显示了关羽在封建帝王心中的地位,同时也说明了人们对关羽所体现的近乎完美的人格形象和德行的崇拜。整个崇宁殿建筑恢宏大气,装饰华丽,气氛森严、庄重。

　　主庙后院的主体建筑是春秋楼。春秋楼初建于明朝万历年间,清代同治时期重建。因楼内有关羽夜读《春秋》的塑像而得名,《春秋》又名《麟经》,所以此楼也被称作麟经阁。全楼为两层三檐歇山顶式建筑,面宽七间,进深六间,高33米。上下两层都有回廊,二层回廊垂柱悬空,有空中楼阁之感,是春秋楼的一大特色。楼顶铺设彩色琉璃瓦,光彩夺目。屋脊上有花卉、脊兽等构件,檐下木雕龙凤、人物、流云、花卉等装饰图案精雕细刻,生动别致。楼内东西两侧设有楼梯可供上下。二楼内安设有神龛暖阁,正中是关羽侧身而坐、目观《春秋》的塑像。塑像左手扶案,右手捋须,神情专注。"圣德服中外,大节共山河不变;英名振古今,精忠同日月常明。"春秋楼的这副楹联,道出了关公所代表的令万世民众共仰的传统的道德精神。

图66 解州关帝庙春秋楼

三百六十行,无祖不立。古代各行业都有自己的行业祖师,如土木建筑业祖师鲁班,制笔业祖师蒙恬,造纸业祖师蔡伦,纺织业祖师黄道婆,茶业祖师陆羽,中医业祖师华佗等。士、农、工、商等与老百姓生活息息相关的各行业,其开创者和技艺超群者,往往以他们的技艺造福百姓,影响百姓的生活,解决百姓生活中的实际问题,甚至救百姓于痛苦磨难之中。他们的创造成为中国古代文明的精华。在远古人神共存的观念中,技艺超群者往往被认为是神灵转世,是上天神灵派来给人们传授技艺的。他们出神入化的高超技艺会被人们顶礼膜拜,他们本人也被奉若神明。每个行业的杰出开创者或者技艺超群盖世者去世以后,就会被封为行业祖师,成为行业神,受到行内弟子和百姓的祭拜。古代有很多为祭祀行业祖师而修建的祠庙。

药王庙是祭祀中药行业祖师的建筑。古代被尊为药王的人物有多位,比如神农氏被称作药王,因为他曾尝百草,是中草药的开山鼻祖。华佗、扁鹊、皇甫谧、葛洪、张仲景、李时珍等历史上在医药和治病方面做出卓越贡献的人,也被当作医神药王祭祀。古代为药王医神立庙修祠应是很普遍的事,古代北京城内及城外就有大小药王庙十多座,这些庙宇大多修建于明清时期,其中比较著名的东、西、南、北四座药王庙,都建于明代。曾经香火旺盛的四座药王庙没有被完整保存下来,东药王庙只剩山门和庙碑,山门还是根据资料复建的;西药王庙只剩石碑一块;北药王庙残留的一部分建筑已成为民居;南药王庙是四座庙中规模最大的,至今保存完整的是三大殿和配殿。

坛庙建筑通神灵
TANMIAO JIANZHU TONG SHENLING

图67　安国药王庙山门

图68　安国药王庙"显灵河北"牌坊及铁旗杆

　　河北省安国市,古称祁州,被誉为"祁州药都"和"天下第一药市"。千百年来,这里客商云集,物流频繁,尤以中草药为主。安国市内有一座全国最大的药王庙,是为供奉药王邳彤的神灵而修建的。邳彤是东汉刘秀部下的大将,英勇善战,足智多谋,是战功赫赫的开国元勋。他不仅为官清廉,而且还酷爱医学,精通医理,治病常能妙手回春,深得百姓爱戴。邳彤去世后,葬在安国。传说曾显灵治好了宋秦王的疑难病症,被皇帝封为"药王",并且立庙祭祀。其实,安国药王庙址东汉时已有邳彤墓,北宋时拓址建庙。明朝永乐年间,以邳彤墓为中心,仿照宋代临安城内的药王庙,对安国药王庙进行了扩建。以后又经过多次修葺,形成了现在的规模。

安国药王庙建筑群占地3200平方米,坐东面西,庙墓合一。中轴线上的建筑有牌坊、马殿、垂花门、药王墓亭、正殿、后殿,两侧有钟鼓楼、名医殿等建筑。庙前面是一座三间四柱、彩饰斗拱、黄色琉璃瓦覆盖的牌坊,牌坊上书有"显灵河北"的匾额。牌坊两侧各矗立着一根24米高的铁铸旗杆,每根约3万斤重,其上铸有两条盘龙,三重刁斗,杆顶上铸有翔凤,还悬挂着风铃。铁杆上的对联是:"铁树双旗光射斗;神庥普荫德参天。"这副对联是对庙宇中所供神灵无上德行的赞扬,读来让人顿生恭敬仰慕之情。牌坊后是山门,山门上悬挂的"药王庙"巨匾,是清乾隆时东阁大学士刘墉题写的。进门为马殿,红白两匹马在南北两侧相向而立,配有四个健壮威武的戎装马童,暗示药王邳彤曾为将的身份。前院两边建有钟楼、鼓楼。穿过一道垂花门,进入中院,就能见到药王墓亭。亭子为四根明柱,黄色、绿色琉璃瓦和彩绘一起装点着墓亭,亭子内墓碑上刻有"敕封明灵昭惠显佑王之墓"。亭前是巨大的八角香炉。墓亭两侧的名医殿里,有扁鹊、华佗、张仲景、孙思邈、张子和、刘河间等十大名医的塑像。墓亭后面是药王庙的主体建筑正殿,正殿是硬山顶式结构,殿内神龛上端坐药王邳彤的彩绘塑像,头戴王冠、脚踩朝靴、慈眉善目、美髯缕缕、济世救人的神圣形象,令人肃然起敬。药王塑像两侧对称站立着的八尊文官武将彩塑像,增添了药王形象的神威色彩。后殿也就是寝宫,其建筑形制和风格与正殿差不多,殿内供奉有药王和两位夫人的塑像。庙宇内还有六百多年的古槐,似乎在默默守护着古庙。

图69　庙内供奉的药王邳彤塑像

图70　安国药王庙墓亭

　　鲁班是我国春秋时期木工建筑行业的杰出代表,他的发明创造和木工

建筑方面的高超技艺,与人们的生活密切相关,因而,受到后世的尊崇,他发明创造以及显灵解决技术难题的故事一直流行不衰。鲁班被誉为"巧匠仙师""百工祖师""鲁班仙师"等,他不仅是木工行业尊崇的祖师,而且还是百工精湛技艺的化身和代表工匠智慧的神灵,瓦匠、石匠、漆工、家具商等与木工和建筑有关的许多行业也尊他为祖师,受到行内弟子的祭拜。各朝代皇帝也曾敕封鲁班,甚至以太牢之礼祭祀,如明朝朱棣就为鲁班建庙祭祀,并且在宫城顺利完工后封鲁班为"北城侯"。

图71　香港西环鲁班庙

建庙祭祀的目的，一是回报先师神灵保佑工程顺利进行的功德，二是希望遇到技术难题时先师神灵能够随时显灵满足人们的要求。

与孔子、关羽等先师人杰一样，祭祀鲁班的祠庙在古代也是遍及天下。皇家有大的建筑工程要祭拜鲁班，普通百姓建房时也要祭拜先师，每一个从事工匠行业的匠户家里，一定会安设鲁班牌位供年节时或者收徒时叩拜祭祀。我国民间修房有"上梁"的风俗，房屋顶上最重要的一根大梁安放时，一定要选择良辰吉日，主人摆上供品，主持者开始祭梁仪式，要祭天、祭地、祭八方神灵、祭鲁班先师，然后会杀大红公鸡，将鸡血洒在大梁上。梁上会贴上书有"上梁大吉""吉星高照"等吉祥语的纸，梁以红布包裹或者系上红布条、红被面、吉祥物，然后由抬梁人慢慢抬起安放。起梁时会放鞭炮，唱赞词，古代还要念"祭梁文"。鲁班祠、鲁班庙是祭祀鲁班的单独庙宇，这些庙宇有皇家主持建造的，也有位于街区里巷由民间修建的。另外还有设在其他庙宇中的鲁班殿，也是古代祭祀鲁班建筑中很普遍的一种形式。历史上的鲁班祠庙，有一些保存了下来。如：天津蓟县鲁班庙、济南千佛山鲁班祠、山海关鲁班祠、山东聊城光岳楼鲁班祠、太原晋祠内的鲁班祠、河北张家口鲁班庙、香港西环鲁班庙等。

图72　天津蓟县鲁班庙山门

天津蓟县鲁班庙是保存较为完整的鲁班祠庙之一，这座庙位于蓟县县城内鼓楼北大街东侧，清朝时修建，据说是用修建皇帝陵的余料建成的。整座庙宇是一座四合院建筑，布局严谨、风格简洁，占地面积800多平方米，由山门、正殿和东西配殿组成。山门面阔三间,进深两间,门前有抱鼓石。院内的正殿也是三开间,进深一大间,前面出廊。屋顶为歇山顶式,上盖绿色琉璃瓦。正殿前写有"鲁班先师"四个大字,两边的对联是:"万世工人祖,千秋艺者师"。庙内供奉着鲁班及其四位弟子的塑像。鲁班庙平时香火不盛,到了每年农历五月初七,鲁班的祭祀之日,庙内才会热闹起来。这一天,全城的木匠、石匠等与建筑行业有关的从业者,就会衣衫整洁,早早来到庙内上供、焚香、叩拜祖师。

图73　天津蓟县鲁班庙正殿及东、西配殿

庭院深深话住宅

一、木结构与院落式住宅

"鲁班盖房,墙倒屋不塌。"小谚语,说出了大道理,即中国古建筑采用的土木结构体系及特点。我们会在历史资料记载或纪录片中看到,一场场地震震倒了钢筋混凝土的新式大楼,而老房屋则常能劫后余生,大多是四围的墙倒塌了,而内部的木结构仍然能保持原来的形态,不受损毁。1996年丽江古城在7级大地震后仍能得到联合国专家的认可,按原来的形态修复之后,申报"世界文化遗产"成功,就是木结构的功劳。古代房屋是用木料做成框架,先从地面立柱,在柱子上架设横梁,屋顶铺设在横梁的上面,房屋的重量是由柱子来承受的。用砖、石、土砌成的墙壁,只起保暖或阻隔的作用,不承受房屋重量。尤其是木框架部件之间用榫卯连接,结构十分稳固,因此,才会有"墙倒屋不塌"的现象。

木结构在中国古代建筑中应用广泛、历史悠久,是中国古建筑最突出的特点之一。从原始社会的巢居开始,人们就是用木材作为建造住房的材料,木材料作为我国传统建筑的主角,一直延续了几千年。半坡遗址和河姆渡遗址都是我国原始社会母系氏族公社村落遗址,展现了五六千年前不同地域的生活情境和文化。两处遗址分别处于我国的南方和北方地区,半坡遗址位于黄河流域的西安市东郊灞桥区浐河东岸,河姆渡遗址在长江流域下游地区的浙江余姚。经发掘研究发现,半坡遗址和河姆渡遗址中的房屋采用的就是木结构框架。

半坡人建造的住房分圆形和方形两种,有些建于地面上,也有一些是半地穴式的。半坡人的住房和原始人的穴居方式有很大关系。半地穴式房屋建造时,先在地上挖一个二三十平方米的坑,一般在土坑的南面挖出窄而长

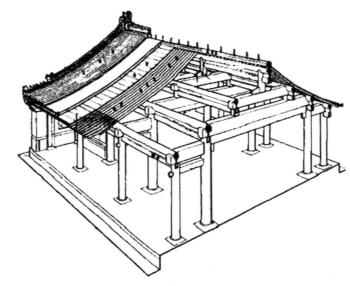

图74　古代房屋木结构图

的通向地面的门道,沿土坑壁立一些木柱作为房屋的框架,木框架的外面用草和泥筑成。这种"木骨泥墙"的建筑方式,是原始社会房屋建筑中普遍采用的,简单说来,就是先用木头捆扎成房屋的骨架,然后再用泥巴包起来,建成的房屋相对牢固,又能防火。半坡晚期的一些地面上的方形屋子,不再借助于地坑作为墙壁的一部分,而是完全用椽子、木板和黏土建成。整个房子有十二根木柱,分三行排列,每行四根,形成很规整的布局,每行木柱之间形

图75　半坡遗址圆形房屋复原图及剖面

成后来住宅建造中"间"的概念雏形。这种房屋被认为是我国以"间"为单位的"墙倒屋不塌"的古典木构框架式建筑形式。

河姆渡遗址中的房屋都建在地面上，采用木结构，被看作是我国南方木结构建筑的起源。河姆渡遗址发现的木构件有：木桩、圆木、长方形木材和地板。河姆渡房屋属于干栏式建筑，造房时，先用打桩的形式固定一排排的桩木，桩木上架设横梁，铺上木板，作为底部的支架，

图76　河姆渡遗址干栏式房屋复原图

然后在支架上立柱、架梁、盖顶。总体上，这种房屋由两部分构成，下面是底座，是架空的，支架上面才是居住的屋子。干栏式房屋是人类从巢居过渡到地面居住的一种建筑形式，干栏式的房屋在潮湿、多水的南方可以通风、防潮，还能够防止虫兽的侵扰。如今，在我国西南的一些少数民族地区还能看到这种古老的房屋形式。河姆渡遗址时期的木构技术已经有较高水平了，在单体木构件相交的点上，已经有了榫卯结构的连接法，可以使房屋的木框架保持较好的稳定性，更加牢固。榫是木柱两端凿劈出的凸出的小方块，卯是另一块木材上面凿出的孔，可将相应大小的榫插进去。当时建造房屋时使用的一些拼接木板、木柱、木梁的方式，至今仍在木工工艺中沿用。可以说，河姆渡遗址中的房屋建造技术，为中国木结构建筑的发展打下了基础。

由于采用木结构，中国古建筑中的"高个子"不多，即使宏伟高大的故宫太和殿，加上基座，也就30多米，相当于十层左右的楼那么高，这里还不能忽略三层基座的撑高功能。木结构的特点决定了古代建筑形式以单幢房屋为单元平面拓展的模式，即一个个的单幢房屋组合成建筑群体。中国传统民居中的院落式住宅就是由单栋的房屋组合而成的。

若干单栋房子组成的建筑群由院墙、大门围合起来，就成为院落。"合院住宅"是中国传统院落民居的基本形式，同时，"合院"还是宫殿、园林等许多大型建筑的基本组合单元。我国夏、商时期"茅茨土阶"的宫殿建筑，从已发现的遗址考察，都围合成相对独立的大型院落。陕西岐山凤雏西周住宅遗址，是中国第一个合院住宅形式的遗址。遗址分为前后两个院子，四面都有房子围合。学者据文献推断，这所合院住宅的大门前有影壁，前

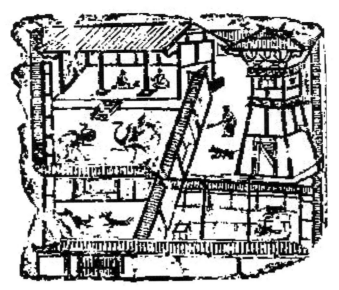

图77 汉代画像砖庭院图

一个院子的正房是前堂,主要用来举行宴会以及礼仪活动;后一个院子的正房是后室,用作主人的日常起居;东西两侧的房子分别给家中其他成员居住。

汉代的时候,合院住宅已经开始大量修建。有一块四川出土的东汉画像砖,描绘了2000年前合院住宅的结构和基本生活图景。画像砖上的院落住宅,四周全部用廊屋围合,大门偏西,院落主要分为左右两部分,左边庭院为起居的正院,分为两"进",从大门进院穿过前院的廊屋就可以到后院的主要堂屋。堂屋里两人席地而坐,像在"手谈"。右边庭院的前部是一个"跨院",有厨房、水井、炉灶等生活设施,后院建有一座高大的楼屋,想必是用来瞭望院外情况的,给人平添了不少安全感。院子里有人在扫地,一条狗静静地趴卧在不远处。总体布局上,前院窄后院宽,符合古代建筑风水思想。整组建筑形式十分丰富,人、犬、鹤、鸡被巧妙地安排在方形宅院里,所刻画的斗鸡场面,表现了汉代民间戏鸡待客的风尚,看来这应该是一所富户的住宅,采用的也是院落形式。汉代的住宅平面是方形或者长方形,屋门开在中间或者旁边。有一些较大规模的住宅,平面呈三合式或者日字形,院中的主要建筑布局是前堂后寝,左右对称,主房建得很高大。贵族的院落则更大,布局形制也更加讲究,主次分明、秩序井然,要能够充分体现古代家庭中的尊卑上下的伦理观念。可以说,我国合院住宅布局的形式在汉代已经基本形成。

汉以后,合院住宅的形式继续发展,进一步完善,逐渐成为中国传统住宅的主要形式。由于木结构的原因,明清以前的建筑保留到现在的很少,唐代的建筑留存到现在的只有五台山的南禅寺和佛光寺。从史籍中我们固然可以了解住宅建筑的一些情况,但是只能凭文字想象,形象毕竟不在眼前。不过,从一些著名的绘画作品中,却可以直接看到具体形象。敦煌壁画中的一些画作就表现了唐朝深宅大院中丰富多彩的生活情景。其中晚唐85窟中画的是一个四合院,这个四合院有两道门,院落侧面是一个马厩,是养马的地方。院落中间的堂屋体量高大,院落四周由廊庑围合。敦煌壁画中的合院住宅不仅有单独的一个院落,院落中间的房屋高大,两边的较小,还有院落的组合,由两个或三个院落组合成更大的院落,富户的深宅大院大多如此。可以想象,合院住宅在隋唐五代十分普遍,应该说在隋唐长安城整齐规整的一个个里坊内,有不少合院住宅。宋代的合院住宅形象也可以从绘画中了解到,《清明上河图》和《千里江山图》中就绘有一些城市和乡村中的合院住宅,有一些沿街面的住宅,前面靠街是店面,后面是住宅。宋代的住宅一般外面建门屋,里面是四合院,合院中常常将前堂和后室用一道走廊连接起来,形成"工"字形的平面布局,这种布局和宋代宫廷中的主要布局方式是一致的。

图78　敦煌壁画中的深宅大院

庭院深深话住宅
TINGYUAN SHENSHEN HUA ZHUZHAI

元代的大都城规划中,出现了胡同,大量的四合院住宅也在都城建设中出现了。元代的合院住宅对宋代合院建筑的平面布局有一定的继承。到了明清时期,各地修建合院住宅更加普遍,合院住宅的形制也更为成熟,不同的地区还形成了具有鲜明地域特色的合院形式,比如:北京的四合院,山西、陕西、宁夏、东北等地的四合院。广大的南方地区,以"天井院"为基本形制的合院住宅形式更加丰富,不少住宅建造精美,具有丰富的文化内涵。江南的"四水归堂"、云南的"一颗印"、浙江的"十三间头"等都是南方合院住宅丰富形式的表现。

二、北方四合院

四合院是由四面房屋和院墙围绕中间的庭院形成的住宅形式,是汉族传统住宅的典型。其中陕西、山西、河北、北京的四合院都很有特点。北京四合院是北京城市文化的载体之一,是北京最有特点的居住形式,体现了老北京的居住习俗和样态,也是北方地区传统院落式住宅的典型代表。元代时随着都城的规划四合院就出现了,经过明清两代逐渐发展完善,现存的北京四合院大多是清代至20世纪30年代建造的。

北京四合院和胡同是联系在一起的。胡同,通俗地说,就是城市主要街道之间的、比较窄小的街道。元代开始大规模规划建设都城,胡同就出现了。在元大都,除各大街道之外,还出现各个街区中相互连通的小巷道,这就是胡同。整个城市胡同很多,俗语说:"著名的胡同三千六,没名的胡同赛牛毛。"胡同两旁的建筑大多是四合院,院落的主要入口,都朝向街道,一般都是以南北方向为院落的中轴线,这样可以保证正房的方向是坐北朝南,如果院落所处的位置在街道的东、西、南侧时,会通过设置夹道来调整院落方向。

北京四合院由四面的房屋围合成院落,院落一般坐北朝南。进入大门,左转即为前院,前院的南面是与大门并列的一排倒座房,北面院墙带有廊子,中央有一座垂花门,坐落在四合院的中轴线上。民间常说的"大门不出,二门不迈",其中的"二门"就指这道垂花门。大门和垂花门之间围合成的空间是四合院的外院。穿过垂花门进入内院,这里是四合院的中心,是真正的庭院部分。内院的北面是正房,一般是三开间,正房两侧有时各带有较为低矮的耳房。院子东西两边建有厢房,东、西厢房一般也是三开间。庭院形式接近正方形。正房的北面是后院,后院建有一排后罩房,和倒座房相呼应。有些宅院还在大门对面建有一面照壁。北京比较标准完整的四合院形式就是这样的。这样的四合院规模不大,但功用齐全,起居方便,适合寻常人家居住。屋舍的功用和分配，表现出了尊卑长幼的等级秩序。正房也叫北房、上房或主房，是一家长辈的起居处。东、西厢房由晚辈居住。倒座房，旧时用作客房或男仆人住所。后院内有井，后罩房是女仆住房及厨房、贮存杂物间。

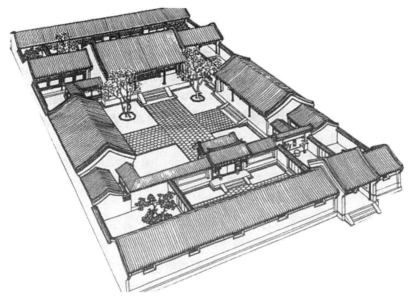

图79　北京标准四合院图

图80　四合院广亮大门及八字影壁

四合院的大门内外还有影壁,影壁正对宅门,一般有两种形状,平面呈"一"字形的,叫一字影壁,平面成"⌐"形的,称雁翅影壁。位于大门内侧的影壁多是一字影壁,大门外侧的有一字影壁,也有雁翅影壁。另有一种位于大门外东西两侧,与大门檐口成120度或135度夹角的"八"字形影壁,称作"反八字影壁"或"撇山影壁"。影壁也叫照壁,上面多有砖雕装饰,内容多是"松鹤同春"等吉祥颂语。照壁可以起到遮挡视线和美化大门景观的作用。关于四合院的影壁,还有一个传说。据说,旧时人们认为自己的住宅中,不断有鬼来访。自己祖宗的魂魄回家是允许的,但要是孤魂野鬼溜进宅子,就要给自家带来灾祸。如果建有影壁的话,鬼看到自己的影子,会被吓走。老舍在《四世同堂》中写道:

> 三号是齐齐整整的四合房,院子里方砖墁地……三号门外,在老槐树下面有一座影壁,粉壁得黑是黑,白是白,中间油好了二尺见方的大红福字。祁家门外,就没有影壁,全胡同里的人家都没有影壁。[①]

由此可知,门外的影壁,显然不是寻常人家能有的建筑。

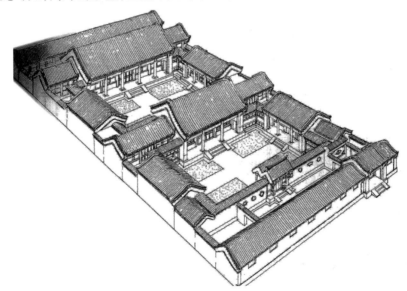

图81 纵向组合的四合院

北京四合院的规模与气派因主人的身份地位、经济实力而不同,院落组合的多少,大门的形制,建筑材料、装饰的图案、颜色等都有区别。四合院的

---

①老舍:《四世同堂》,《老舍全集》(第四卷),北京:人民文学出版社,1999年版,第17页。

规格有大、中、小三种。普通百姓家的小四合院，布局简单，只是四面房屋围合成院，一般是正房三间，屋里有隔断，分成一明两暗或是两明一暗。东西厢房各两间，南房三间，没有前院也无后罩房。达官贵人、富户名门所住的四合院，建筑雄伟，房屋高大，院落重叠。为了满足主人需要，就出现了由标准四合院组合成的大型四合院，有的是纵向串联，有的是横向并列，还有的将横向组合的院落改成园林。这样的大四合院建筑形式复杂，庭院深深，是真正意义上的"大宅门"。

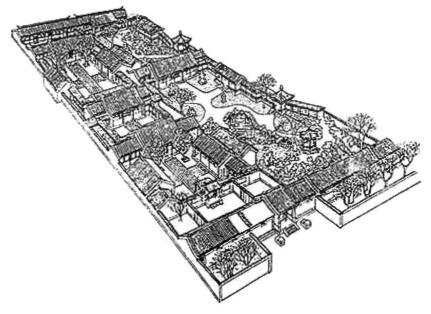

图82　带花园的大型四合院

　　红楼梦中的宁国府、荣国府就是达官贵人居住的"大宅门"，是四合院中的豪宅，曹雪芹借黛玉之眼写道：

　　　　又行了半日，忽见街北蹲着两个大狮子，三间兽头大门，门前列坐着十来个华冠丽服之人。正门却不开，只有东西两角门有人出入。正门之上有一匾，匾上大书"敕造宁国府"五个大字。黛玉想道：这必是外祖之长房了。想着，又往西行，不多远，照样也是三间大门，方是荣国府了。却不进正门，只进了西边角门。那轿夫抬进去，走了一射之地，将转弯时，便歇下退出去了。后面的婆子们已都下了轿，赶上前来。另换了三四个衣帽周全十七八岁的小厮上来，复抬起轿子。众婆子步下围随至一垂花门前落下。众小厮退出，众婆子上来打起轿帘，扶黛玉下

091

轿。林黛玉扶着婆子的手,进了垂花门,两边是抄手游廊,当中是穿堂,当地放着一个紫檀架子大理石的大插屏。转过插屏,小小的三间厅,厅后就是后面的正房大院。正面五间上房,皆雕梁画栋,两边穿山游廊厢房,挂着各色鹦鹉、画眉等鸟雀。台矶之上,坐着几个穿红着绿的丫头……①

宅门大院里的排场、装饰、布置和生活情景,由此可见一斑。老北京有句俗语"天棚鱼缸石榴树,老爷肥狗胖丫头",就是对四合院生活比较典型的写照。

图83　四合院垂花门

古代社会讲究"门当户对""门第相当",人们对宅院大门的形制和等级是非常重视的。北京四合院的大门可分为两类:屋宇式和墙垣式。皇亲国戚、文武百官等有身份有地位的人家住宅采用屋宇式大门,普通百姓居住的小四合院,则采用墙垣式大门,只在院墙上开门。屋宇式大门按照等级又可分为:王府大门、广亮大门、金柱大门、蛮子门、如意门。王府大门坐落在宅院的中线上,宏伟气派,通常有五间三启门和三间一启门两等。广亮大门的门厅是广为一间的房屋,门扇安在门厅的中柱之间,门厅的墙及木门做工很讲究,墙上有砖雕装饰,有较高的台基以及显示主人身份的饰件。其余的大门则按门厅的大小以及门扇安在门厅里的前后位置来区分等级,门厅越小,

　　　①曹雪芹:《红楼梦》,北京:人民文学出版社,1982年版,第38-39页。

门扇开的位置越靠外,大门的等级就越低。

北京四合院住宅蕴含着丰富的文化内涵,它的营造讲究风水,其规模大小以及内宅的居住安排都体现了中国社会尊卑有别、长幼有序的伦理观念。四面围合的封闭式院落为家庭生活营造了私密、独立、安全、宁静的空间。关起门,似乎与世隔绝。院内各房的人却联系紧密,院内有游廊,即使是下雨天,院内的人们都可以互相串门、交流。同时院落宽敞、阳光充足,院中可以养花栽树、喂鱼戏鸟、叠石造景,大的宅院还有独立的园林,居住者可以在此休憩、游乐,享受亲近自然的乐趣。四合院方方正正,空间排列有序,不管建造多少院落,即便是"雾暗楼台百万家",规划起来也十分容易。

图84 北京菊儿胡同的四合院(吴良镛摄)

四合院作为民居,为古代城市整齐划一的规划提供方便,这一点,目前保存较好的山西平遥古城可谓现身说法。平遥古城中的古民居基本上是平面布局严谨的四合院,座座四合院连在一起,外观相似,排列整齐,巷道平直,与整个古城四通八达的街道相适应,形成规划有序的城市空间。平遥古城中的四合院是山西古民居中非常普遍的建筑形式,在晋中、晋东南等大片区域都有分布。虽然同属于北方地区,但山西四合院与北京四合院在建筑形制、外观、装饰风格等方面还是有很大的不同之处。山西四合院的院落平面呈纵长方形,多为东西窄、南北长,院门开在东南角,名门望族会在院墙正中开门。院中的主要房屋屋顶为单坡式,坡度低向院内,因而外墙很高,从宅院外看,砖砌的外墙有四五层楼高,院落围合严实,防御性很强。山西古民居四合院有一进院落构成的寒门浅户,也有院落进进串联相套组成的规模宏大的深宅大院。

图85 平遥古城民居鸟瞰

平遥城中的古民居四合院遍布全城,近四千处具有保护价值,目前保存完好的达到四百多处。这些四合院大都建于清朝,也有一些建于元代、明代。清代中期平遥票号发展飞速,带动了商业的繁荣,生活富庶的居民、发家致富的商人等汇聚城中,纷纷营建住所。由于主人财力雄厚,很看重宅邸的营建,因而用料精良,建筑技术高超,可以存续很长时间。平遥四合院为砖墙瓦顶,布局严谨,屋舍沿中轴线对称排列,可以组成很多进院落,其中二进院和三进院居多,有些豪门富户还在宅院的旁边或者后面建有花园。各进院落之间由短墙或者装饰华丽的垂花门隔开。宅门、倒座房、庭院、厢房、正房等几部分是平遥四合院的基本构成元素。一般是将三至五开间的正房安置在南北向的轴线上,东西两边是厢房,正房对面是倒座房。拱券窑洞形式和木结构砖瓦房结合的建筑风格,是平遥四合院极具特色的地方,四合院中的厢房、正房都可建成砖砌拱券窑洞的形式。很多正房是砖砌拱券窑洞式样,屋前有木檐插廊,正房上面还常建木构楼房或者纯是为了显示气派的楼阁。院内房顶的特点是一层比一层高,厢房高度不能压过正房。主院中,从正门到正房需要登三个台阶,取"步步高升""连升三级"的吉祥之意,正房的地基也由此增高而更显威严与气派。院落整体格局是东西窄、南北长，外墙用青砖砌成，高七八米，不开窗，有些墙顶做成城垛式，整个院落戒备森严，宛如一座小城堡。山西民俗认为院中有树不吉利，因此平遥四合院中不栽种树木。院内装饰华丽，木雕、石雕、砖雕纹饰精美。有些富豪人家，门外还立有上马石、拴马桩等。

图86　山西四合院(窄长的院落)

处于城内不同区域的四合院，为了满足不同功能需求，在建筑形制上会有一些改变，比如东、西、南大街、城隍庙街、衙道街等主要商业街道两侧的民居，为了营业方便，就修建成前店后寝的院落，院落前面是商业街，后面连接巷道。临街一面的房屋，也就是四合院的倒座房，常常被作为店铺，第一进院成为经营管理和接待顾客的场所，后面的院落用来居住、贮藏货物等。位于古城西大街18号的一座大宅院，就是前店后寝式的经营性四合院，这里曾是"蔚丰厚"票号的旧址。这座古民居包括南北两套院落，墙高院深，布局独特，雕饰精美讲究。院内房顶周边向上隆起，中间向内凹进，形似元宝，院中央有一块元宝石，故有"元宝大院"之誉，商人希望招财进宝、财源广进的寓意都包含在其中了。北院面阔五间，大门临街，宅门外有拴马桩、上马石、石狮子，为了适应街道方向，院落坐南朝北，由倒座房、正房、厢房组成狭长的院落，从北向南，房顶一层比一层高，正房的房顶最高。院落南面的正房是厅堂式建筑，檐下正中挂着"芳庭春永"的匾额。正房为五开间，中间三

095

间是祭神、议事、会客的场所,两边为主人的居室。南院和北院之间有一条狭窄的通道相连。南院是名副其实的民居四合院,坐北朝南,大门开在南边的深巷之中,院内有正房、厢房。

图87 平遥古城"蔚丰厚"北院

三、南方的合院住宅

南方的住宅也以合院式的建筑为基本样式,不过,由于气候、地理、环境、人口密度等与北方地区不一样,南方地区的合院住宅与北方以北京四合院为代表的院落住宅相比,还是独具特色的。一般说来,南方院落住宅的占地面积比较小,院中出现二层的房屋布局,更加注重院落结构的整体性和内部环境的私密性。

南方地区盛行一种天井民居,就是院落中间留出的透光空间比较小,所以很形象地被称为"天井",这样的院落式住宅也被称为"天井院"。"天井"其实也就是院落,只是比较小。在房屋和高墙的围合中,透过一片片天井向外望去,人们宛如在井底。鲁迅曾经写道:"啊!闰土的心里有无穷无尽的稀奇的事,都是我往常的朋友所不知道的。他们不知道一些事,闰土在海边时,他们都和我一样只看见院子里高墙上的四角的天空。"[1]如此的心理感受应该和居住的天井院建筑形式有一定的关系。

天井院住宅由三面或者四面的房屋围合起来,中间形成一个小的天

①鲁迅:《故乡》,《呐喊》,北京:人民文学出版社,1979年版,第60页。

井。楼庆西认为天井院的建筑形制有两种："三间两搭厢"和"对合"。[1] "三间两搭厢"式的院落是由三面的房屋和一面墙围成的,正房居中为三开间,两边各有一间厢房,前面的高墙和厢房一边的山墙连成一体,门开在墙上。"对合"指的是四面都有房屋围成的天井院。"三间两搭厢"和"对合"只是南方天井院住宅的基本形式,实际修建时,根据居住者的需要,屋舍多少和形式会有变化,一些有身份、有地位、有财力的人家的住宅,常常是组合形式的院落,由几个"对合"或者"三间两搭厢"左右、前后组合起来,形成几重院落。

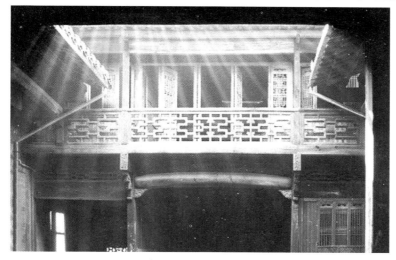

图88 南方民居中二层楼房与"天井"

不管是几重院落的住宅,都是以中间的天井为核心的。天井起着通风、透光、排水的作用。天井四面的屋顶都采用单面斜坡式,这叫"四水归堂",具有"财不外流"的民俗寓意。天气晴朗时,阳光从天井射入,称作"洒金";下雨时,雨水会顺着斜面流向堂屋前面,叫作"流银"。"四面财源滚滚而入""肥水不流外人田",通过住宅建筑形制,表现了人们对生活的美好愿望。当密集的天井院住宅连在一起时,考虑到既能方便交通,又能节省地皮,院落群之间就形成了窄窄的巷子,宽的三四米,窄的不到两米。各家院落屋舍挨在一起,隐私保密和防盗、防火就成为要解决的问题。马头墙的出现,就是适应防火、防盗、保护隐私等需要而出现的富有特色的江南民居建筑部件。马头墙其实就是每座民居两边山墙的墙顶部分高出屋顶许多,墙体上部高低不一水平方向呈阶梯状,一般是中间高,两边依次降低,墙体上有纹饰,顶

①楼庆西:《中国古建筑二十讲》,北京:生活·读书·新知三联书店,2001年版,199页。

部有瓦檐。高高耸立、错落有致的墙体,远望状如马头,故名马头墙,又叫风火墙、防火墙等。

图89　高耸的马头墙

　　天井院以皖南、赣北、徽州地区的住宅为代表。徽州古民居在南方民居中富有特色,体现了我国古代居住文化的精髓,是皖南风土景观中不可或缺的部分。如今,曾在古徽州辖区内的婺源、绩溪、黟县、休宁、歙县等地,还散布有不少明清时期的民居建筑。徽居的基本形制为合院形式,有三合院,也有四合院。布局以中轴线分列对称,院内的住宅无论城乡都是以砖木结构的二层楼房为主,正房三间或五间,采用一明两暗或一明四暗的形式。中间一间为明间,作为厅堂,左右两边为卧室,二楼的明间常用来祭祖。院落的大门在中间,大门常用飞檐翘角的门楼式或砖雕仿木的门罩式。各进房屋之间留有天井,天井狭而高,利于通风透光。建筑细部均有木雕及淡雅的彩画装饰,院落周围筑有高耸的马头墙。外墙很高处开窗,窗口很小。白墙、青瓦、马头墙、砖雕门楼、木门窗的高墙深宅,点缀在古徽州的灵山秀水之间,形成了徽派建筑特别的风格:青砖小瓦马头墙,灌木回廊绣阁藏。

　　古徽州一带的合院住宅,城市和乡村里的建筑形制差别并不大,徽州古城、南屏、呈坎、宏村等古镇村落中都留有明清时期的四合院民居建筑。位于歙县县城中心的徽州古城内的斗山街,是一条建于明清时期的古街道,街道曲曲折折长达300多米。街道上集中了古民居、古牌坊、古井、古私塾等建筑,能够充分体现徽商的居住文化和环境。古徽州地少人稠,不少人出外经商,而且后来徽商终成气候,名声大震。明清时期徽商兴盛数百年,有了

"无徽不成镇"的美誉。大批商人赚钱后，荣归故里，花重金立祠堂、建宅院、兴义学等，进而树立治家兴业的理念，从而形成了富有特色的徽商居住文化。斗山街因形似北斗七星而得名，青石板、鹅卵石铺就的街巷旁，马头墙高耸，错落有致。百余幢白墙青瓦的明清古民居就坐落在幽深的街巷两旁。这些民居中，既有豪华大气的官邸和富商大院，也有精致小巧的普通民宅。汪氏民宅、杨家大院、许家"惠迪堂"等座座民居院落，墙挨墙，门对门，形成了密集的徽商宅居群。

图90　高墙深巷的斗山街

斗山街的杨家大院是一处官邸，始建于明代，进进院落相套的结构和附带后花园的格局与杨家显赫的家世、身份是相配的。杨家大院为三进院串联，右边附带花园。院落大门门楼上有精美的砖雕，画面清晰，人物形象逼真。门前有显示门第尊贵的"上马石"。院内厅堂高大宽敞，采用明厅暗角的布局，栋、梁等处雕刻精工细作，此处是杨府接待客人的场所。堂后的二、三进院，是家眷居住的地方，屋舍均是三开间带两厢的结构，楼上还专门设有读书的屋子。每进院正房前都设有天井，院内还有戏台、谯楼等。从院门进入，穿堂入室，院院相叠，屋屋相套，给人"侯门深似海"的感觉。杨家大院是徽州民居中官邸的代表，深宅大院，气派宏伟。

图91　斗山街杨家大院

同样位于北斗街的汪氏民宅，

是一座经商人家的宅院,也是传统的天井院形式。汪氏民宅为二进三开间,厅堂两边带有厢房,前面有天井。厅堂和厢房的木雕精美雅致,题材丰富,寓意深远,雕刻手法细腻。各种各样的雕刻图案寄寓了对居所的美好要求,比如大厅梁下装饰有四个如意雀替,四根圆柱上方的木框上,雕有四只花瓶,两者结合构成平安图,寄寓着祝福客堂中的人们一年四季平安如意的美好意愿;大厅上方一般为长辈的居所,窗棚上中间雕刻的图案是五只蝙蝠围着蟠桃在展翅飞旋,两边的图案为仙鹤在云中飞翔,图案中表达着希望长辈福多寿永的愿望;大厅下房的窗棚上,雕刻着神态各样的九只松鼠吃葡萄的图案,暗喻多子多孙的意思等。

图92 杨家大院厅堂

作为我国瓷都的景德镇,历代商人因经营瓷业而积富,于是在当地修建住宅,到了明代尤其兴盛。如今,市内与近郊存有不少明代木结构住宅建筑。位于市区中心地段的祥集弄民宅,就是保存较好的明代住宅群,住宅之间的巷道也较为完整。其中的3号院、11号院两处民宅建于明代成化年间(公元1465—1487年),两院的建筑形式大致相同,平面都呈规则长方形,分为上、下两堂,两堂中间有一个较大的天井,四间正房和两间厢房分列在厅堂和天井两侧,上堂的后面还有后房,然后是一个小天井,大、小天井都是长方形。堂屋宽敞,屋内陈设讲究。宅院的四周都用高墙围合,形成相对独立的院落,大门设在院落的侧面。房屋的梁柱木材粗大,一人不能合抱,有"粗梁、肥柱"的特点,细部装修雕刻精美,整个建筑具有粗犷朴实的风格。南方盛产竹子,人们就地取材,在建筑的某些部分采用竹材料。吉祥弄住宅也有用竹材的地方,在柱、梁、枋的空档内,以竹子编成骨架,涂泥后抹以白灰,是对宋代"编竹造"的继承,显示了南方民居建筑的特点。

图93　祥集弄民居鸟瞰图

图94　祥集弄房屋内景

　　南方包括的地域很大,安徽、江西、江苏、浙江等地的合院住宅,都要适应各地的气候、环境、居住风俗等,因此,南方各地的合院住宅出现了多种建筑样貌,在空间布局和细部处理等方面,体现出了各自独特的风格。

　　苏州是有名的水乡,城内河道纵横,风景秀丽。宋元以降,苏州经济发达、物产丰裕,加上美如画图的自然环境,因而成为达官贵人、富商巨贾的聚居地。苏州城内供城市贫民和小手工业者、小商贩居住的中、小型民居,常见于路河之间的狭窄地带,很多并没有形成院落,只是单体的屋舍。富家大户所营建的宅邸却都是由几进甚至十几进庭院组成的大型院落,院落一般沿着平行的、长度不等的几条轴线规整安排,形成多进多路的建筑群。左、中、右三路的院落组合最为常见,宅院大门所在的中间一路院落被看作是"正落",最为深长,进数也最多。正落两边的院落称为"次落"或"边落"。毗邻的院落和房屋之间开设有大小不等的天井,用于通风采光。大型院落的中路的大门前常建有影壁,大门为开敞的门厅式,经大门进入轿厅,其后依次为大厅、内厅(女厅)等。厅堂内布置讲究,常有字画、匾额装饰,以示主人爱好、情趣。女厅常常建为二层楼阁式,间数可达五开间。一组屋舍一个天井,构

图95　耦园中路住宅内厅院落

成一进院落,层层向内,可达五进、六进、七进……到底修建几进,根据需要和身份高低、财富多少而定。苏式院落的各进庭院旁侧,修有狭长的甬道、小门互通连接,这样的甬道被称为"避弄"或者"备弄"。有了"避弄",要进入各进庭院,就不用穿堂过院,因而维护了各进庭院的相对独立性。住宅大院带有后花园,形成了宅中有园、园中有宅、可游可居的空间环境。内部装饰设计淡雅、精致、富有情趣,但不事张扬,外大门简约,内门华丽,飞檐翘脚,

雕饰精美,这是苏州院落民居的特色。网师园、留园东面的住宅,都是典型的苏式多进院落。

浙江的"十三间头"也是南方具有鲜明地方特色的合院住宅,"十三间头"是三合院,院落的三面有房围合,一面是院墙,通常是院门对面的三间正房和左右两侧的厢房各五间共十三间房组成。正房和厢房都是楼房,屋子两边的山墙上是高高的马头墙。大门开在院墙的正中间,左右厢房的前廊也有门通向院外,院墙上大小三门相连。"十三间头"式样的合院,格局规整,风格简洁,虽处江南,却有北方四合院的大气与宽敞。浙江东阳及其附近地区的"十三间头"合院住宅最具有代表性。东阳是木雕之乡,几千年的木雕历史和高超技艺在古民居的雕饰上得到了充分的体现。东阳卢宅是一座聚族而居传承几百年的住宅建筑群,其中不仅能够看到"十三间头"院落的基本形式,还能够在其中的斗、梁、檩、枋、门窗、室内家具等地方,看到最高水平的东阳木雕艺术。

四、高楼中的传统院落情结

现代社会,随着城市化的发展,城市人口数量不断增加,土地越来越珍贵,真正的寸土寸金。院落住宅那样"铺张浪费"、四平八稳、脚踏实地的建筑形式已经不能适应城市发展的需求了。为了充分利用土地资源,在单位面积里容纳更多的人,高密度的住宅建筑应运而生,城市住宅中的高楼大厦不断涌现。我国《民用建筑设计通则》(GJ37-87)将住宅建筑层数划分为:1～3层为低层;4～6层为多层;7～9层为中高层;10～30层为高层;凡超过100米的均为超高层。

图96　百万庄老房子

我国城市最初的住宅楼房不是很高,建于20世纪二三十年代的中国第一个现代住宅小区,广州诗书路街区的西洋式联排住宅只有二三层。50年代的苏式楼房住宅,简易楼、筒子楼等也就三五层的高度。竣工于1956年的北京四环内的百万庄住宅楼群,被认为是新中国最早的自主规划建造的住宅小区。小区设计时保留了四合院的围合与院落特征,小区内的住宅借鉴了西方的多层楼建筑形式。成片的三层红砖小楼错落有序,其中还有几排双层别墅。数十栋小红楼分成九个区,像一把坐北朝南的太师椅。以中国古代纪年历法中的地支命名,右扶手是子、丑、寅、卯区,左扶手是辰、巳、午、未区,每个区有三十个单元门,每门里三层六户。以十二地支为小区居民楼排序编号,绝无仅有,体现了对中国传统文化的重视。

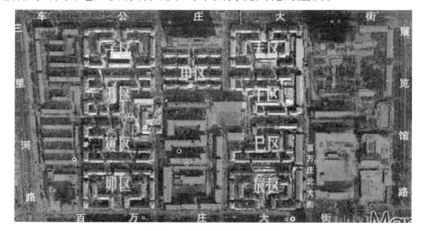

图97　百万庄住宅楼分布图

图98　多层住宅

80年代以后的城市楼房住宅中，多层住宅逐渐占据主流，虽然《通则》规定多层为4～6层，不过实际上，人们心目中不高于8层的楼房都可以看作是多层住宅。多层住宅一般不用配置电梯，由单元房上、下叠加而成，居民用公共楼梯垂直上下，一栋楼可以有若干单元，每层大多是两户人家，户门相对分列于楼梯两侧，每个单元十几户人家形成了一个地缘相近的邻里单位。不过，邻居关系亲密还是疏远，并不能绝对而论，有时，住在对门多年也可能互不相识，如同路人。

近几年，在城市开发的楼盘中，多层住宅慢慢淡出楼市，一座座高层住宅拔地而起。蒋原伦曾说：

> 最近十来年间，中国大地上长得最快的不是庄稼，而是楼群。庄稼是一年才长几厘米或几十厘米，楼群一长就是几十米甚至上百米；庄稼是一年一茬或几茬，成熟了就可收割，来年再种或换其他品种，而楼群是钢筋水泥筑的，坚挺地竖在那里，不能撼动。这让我很绝望，因为有的楼宇在我看来很丑陋，在那儿一戳就是一辈子，估计在我有生之年没有改观的希望。有的楼宇，单个看是灵动的、个性化的，富有人性的魅力，但是几十幢楼挤在一起，张牙舞爪，有狰狞的面目，使人深感压抑，天空都为之昏暗……[1]

他这段话是针对都市中的写字楼群说的，但是用来形容高层住宅楼的情况也许更为贴切。高层住宅从十几层到二三十层不等，形式有塔楼和板楼之分。板楼建筑南北短，东西长，一个单元每层的住户不超过四户，每户位置平列设计，大楼不管多长，外观看来比较薄。塔楼的一个单元住户多于四户，有些甚至达到十二户，每户的房屋围合安排在电梯和公用楼梯的四周，外观像一座高耸的塔，大楼外形很臃肿。过去，人们认为高层住宅"住得高，感觉不接地气，飘在空中不踏实"，现在也慢慢地主动或者被动地接受了。

当高楼住宅成为现代都市民居中的主流，居住空间不得不向垂直方向拓展的时候，成千上万在城市中奔波、忙碌的人们，只能在一个个外观像方盒子一样堆积起来的单元房里栖身；尽管单元房的面积大小不一样，居住品质也会有差别。与此同时，钢筋混凝土的高楼住宅使人类远离大地，疏离自然，失去了传统院落住宅中脚踏大地，可以在庭院中自由活动、叠石造景、植树种草的权利和乐趣。亲近大地、回归自然是人类的本性，如何在高楼住宅

---

[1] 蒋原伦：《大都市 小空间》序，载于许苗苗著《大都市 小空间》，北京：知识产权出版社，2011年版，第2页。

中,寻找失落的庭院成为城市居住者和建筑设计者共有的情结。

图99　高层塔楼住宅　　　　　　　　图100　高层板楼住宅

　　城市住宅小区将几栋或十几栋高楼住宅集中在一起,以几百家住户形成一个大的邻里单元,通过高楼和院墙、大门围合成一个相对独立,但又具有开放性的围而不毕的空间,形成"小区—院落"式的组织结构。高品质的住宅小区考虑到住户的生活方便、消费级别以及日照、通风等的需要,还会在小区中设计多层、高层、别墅等不同的户型,交通、购物、教育设施等都不能忽略。小区中间留出的空地,可以用来建设中心花园,绿地、假山、喷泉,人工湖、小桥流水都可以在这里营建,好的设计能使每栋楼住户都欣赏到中心花园景观,实现"户户有景、家家赏园"的居住理想。另外,还有健身、娱乐的建筑及其配套设施,住户可在小区的共有空间中休闲、娱乐、交流,如果小区位置能够依山傍水,借自然景观来美化周围的居住环境,那就更加完美了。这样的住宅小区无疑为都市居民营建了一个集体院落。如今,楼盘命名中高频率使用"某某家园""某某花园""某某庭院",不管是实至名归还是名不副实,都反映了生活在城市钢筋混凝土高楼森林中的人们对传统院落的一种向往与追求。"有个院子多好!"高楼中的人们也许都这么想过。

　　城市高密度居住建筑中融入传统院落空间的设计,不光体现在住宅小区规划中的公用空间中,同时也体现在高层房屋建筑形式和户型的设计中。"空中院落"或者"垂直院落"的建筑理念,其目的就是为高楼住户提供更多的共享空间或者为每户居民提供类似于传统院落的绿地或者观赏、休闲的空间。空中院落的追求,虽然对于居住者和楼房建造者来说,会"浪费"不少空间,但是却回归了人性,提升了居住品质,使居住者在远离地面的高楼中有了一定的归属感,寻回了亲近自然、修养身心的家园。使远离地面的高层住宅居民拥有类似传统院落的空间感受,建筑设计者和建造者已有多种形式的尝试,单元房户型的复式、跃层以及错层阳台的设计等都是为了让高楼居民享有更自由、更宽阔的居住空间,尽量突破垂直空间的限制,享受"空中院落"的居住品质。

清华大学建筑学院徐卫国建筑工作室和法国人合作的北京某高层住宅设计,以"胡同"和"四合院"为原型,想在高层住宅中体现胡同和合院的空间概念,是非常新锐的设计,用来说明高楼住宅中融入传统院落空间的情结十分典型。在小区中一栋24层高的板式住宅中,其建筑构想是这样的:每一层四户组成一个住宅单元,由一条南北向的交通走廊连接起来,单元与单元之间以及走廊的东西两头,各有一个高4~6层的"空中庭院"。每一个"空中庭院"形成一个住户邻里单位,这里是共享空间,人们可以在这个公共活动场所里彼此交流、休闲放松。同时,每层都有的24条空中走廊如同传统院落中的胡同,也是每户居民的共享空间。为了真正体现合院的精髓和实现居民亲近自然的理想,必须十分精心地设计"空中合院"的园林景观。景观设计独出机巧,将二维的平面绘画与三维的园林景观结合起来,丰富小区居民的视觉感官。另外,还将传统园林景观中"山"与"水"的元素在高楼中重新阐释,将高楼化喻为山脉,把天然雨水在楼顶上收集起来,让它们如同潺潺溪水流入各个"空中合院",直到高楼的底层,如同水流没入山脚,然后

图101　立体胡同与空中院落

庭院深深话住宅
TINGYUAN SHENSHEN HUA ZHUZHAI

继续向西流入住宅小区地面的带状庭院中。这样天然的潺潺流水既可以浇灌院落中的花草树木，流经院落中的水池、山石、绿地、小径、木栅栏时，又可以形成动态的、优美的景观。[1]培根在《论花园》中说过："全能的上帝率先培植了一个花园。的确，它是人类一切乐事中最纯洁的。它最能愉悦人的精神，没有它，宫殿和建筑物不过是粗陋的手工制品而已。"精心设计和营造的美丽景观无疑会给钢筋水泥铸就的建筑增添无限生机，使生活在石森林中的人们，能够找到真正的家，既可安放身体，又能愉悦精神的家。

别墅建筑是城市住宅中实现院落空间的高端的、豪华版的建筑形式。别墅最早的定义是别业，通俗说来，"墅"指野外的房子，"别墅"是指日常居所之外用来享受生活、休闲娱乐的位于城郊或风景区的第二处居所。古代的私家园林其实就具有别墅的性质。如今，随着生活水平的提高，普通住房已经不能满足城市中追求高品位的成功人士的需要，追求更加高尚的居住和生活品质，渴慕回归自然的，更加自由的，集日常家居与休闲娱乐度假的居住方式于一体的别墅，成为城市中许多精英人士的向往。但远离城市的别墅不能享受城市生活的便利，于是，城市别墅开发逐渐兴起。在喧嚣的都市中拥有别墅，是身份的象征，也是人生梦想的家园。流水、美景、大房子，独门、独院、花园式的空间享受，通过别墅在城市中实现传统院落式生活的方式是奢华的，对普通人来说，也是梦幻的。

图102　别墅住宅

---

①徐卫国：《"立体胡同"及"空中合院"——北京"天和人家住宅设计构想"》，载《新建筑》，2003年第2期。

从建筑形式来看,别墅的类型有多种,包括:独栋别墅、双拼别墅、联排别墅、叠拼别墅和空中别墅。独栋别墅,是既有独立居住空间,又有私家花园领地,前后左右上下都是独立空间的单体别墅,别墅周围还有面积不等的绿地、花园等公共院落空间,这应该是别墅中的豪华版、终极版。双拼别墅,是由两个单元的别墅组拼成的单独别墅,两户中的每家房屋都可以三面采光,有比较宽阔的室外空间,不影响观景,通风也较好。联排别墅由三个或三个以上的单元住宅组成,一排二至四层联结在一起,每几个单元共用外墙,每家独门独户,有自己的院子和车库。叠拼别墅由多层的别墅式复式住宅上下叠加在一起组合而成,一般四至七层,由每单元二至三层的别墅户型上下叠加而成。空中别墅,最早发源于美国,是指在城市的中心地带,高层住宅楼顶端的豪宅,其实就是建在高层公寓或住宅楼顶端的大型复式或者跃式住宅,当然,只有建筑产品的地理位置好、品质高、通透、视野开阔等,符合别墅全景观的基本要求时,才能名副其实。空中别墅也是高层住宅楼为了使居住者享受传统院落空间的一种建筑理念和实践形式。

园林建筑巧营构

一、皇家苑囿万景收

皇家园林在古代典籍中称为苑、苑囿、宫苑、御苑、御园等,是供皇帝个人或皇室进行狩猎、游玩、理政、居住、娱乐等活动的场所。皇家园林的出现很早,据文献记载,商周时代就开始了造园活动,有了苑囿。《说文解字》中解释说:"囿,苑有垣也","苑所以养禽兽也,从草"。商纣王沉迷于玩乐享受,曾经修筑山丘苑台,将野兽飞鸟放置其中,这就是我国园林的最初形式。《诗经·大雅·灵台》写到周文王的"灵囿":"王在灵囿,麀鹿攸伏。麀鹿濯濯,白鸟翯翯。王在灵沼,於牣鱼跃"[①]。"灵囿"中呈现出的是人与自然和谐相处、其乐融融、生机勃勃的美好景象。从全诗来看,灵囿、灵台、灵沼应该是三位一体的。这座苑囿规模很大,方圆70里,园内有人工夯筑的高台建筑灵台,有池沼,草木茂盛,鸟兽繁衍。除了供天子打猎、游玩、娱乐外,其中的灵台还具有祭祀天地、通感神灵的作用。可以说,最初的皇家苑囿规模虽然不小,但更多是人对自然环境的顺应,带有圈地的性质,就是选择一块林木茂盛、水源充足的地方圈起来,然后挖池筑台,种植林木,放养禽兽,以供皇家狩猎、生产、游乐和通神灵之用。商周时期的苑囿中,已经能够看出后代挖池堆山造园林的影子。

秦汉时期皇家园林包罗万象、气势恢宏。秦始皇统一中国后,开始大规模营建宫殿,雄踞天下的大国意识在宫室营建的规模和气魄中充分体现了出来。都城咸阳的宫室大多依山起势,充分利用自然地势,具有离宫别苑的性质。从咸阳新都到故都雍城,沿渭水北岸长达数百里的范围内,分布着秦

---

①程俊英、蒋见元:《诗经注析》,北京:中华书局,1991年版,第789页。

朝离宫三百座，这些离宫大都带有苑囿。秦朝营建宫室的同时也有园林建设，如"引渭水入池，筑为蓬、瀛"。渭水南岸上林苑是秦朝最大的一座苑囿，占有的地域广阔，直达终南山。此地水源充沛、土地肥沃、林木茂盛、鸟翔鱼跃，早在周代就已成为天然的风景区。秦惠王在上林苑中筑阿城，昭王在前代奠定的基础上开辟为王室苑囿。秦始皇时在苑中建阿房宫前殿，另有离宫别馆一百六十所，形成了以建筑群为主体的宫苑。皇帝可在苑中游玩休息，还可举行朝会、处理政务等，另外苑中还养百兽，可供帝王射猎取乐。秦朝的上林苑在大火中

图103　汉苑图（元·李容瑾）

被毁，西汉就在秦上林苑的旧址上修建了汉上林苑，《三辅黄图》中说："汉上林苑，即秦之旧苑也。"这座皇家苑囿周围达300里，苑中宫、观、池沼众多，布满名花异草，放养着珍禽异兽。其中的昆明池"周匝四十里"，最大的宫室建章宫内开挖有太液池，池内堆筑有蓬莱、方丈、瀛洲三座仙山。建筑罗列、景观多样的上林苑中既有皇家住所，又能欣赏自然美景，可以训练水军、生产养殖、射猎游乐、招待宾客、观看表演等。总而言之，秦汉皇家苑囿规模宏大，空间广袤，动辄占地上百里，宫室建筑和苑囿结合，宫中有苑，苑中有宫，成为集多种功能于一体的大型园林。秦汉皇帝艳羡神仙、追求仙居生活、渴望羽化成仙的思想和做法，使得皇家苑囿景观具有神话色彩和象征意义，他们特意营造出海中仙山的景观，由此形成的"一池三山"造园形式，成为后世宫苑堆筑山池的范例，清代的皇家园林仍有继承。

魏晋南北朝时期，秦汉大一统王国的局势不复存在，各国纷起，互相吞并，战乱不断，士大夫喜好玄理与清谈，崇尚隐逸，寄情山水，拥有一片与世隔绝的山水胜地成为文人士大夫的理想。皇家园林也受到这种审美风潮的

园林建筑巧营构
YUANLIN JIANZHU QIAO YINGGOU

影响而产生变革,南朝的一些御苑就是由当时的著名文人参与经营的。魏晋皇家苑囿已很少像秦汉苑囿包绕都城,绵延几百里,而是将园林纳入都城的总体规划中,在都城所界定的区域内建造,如曹魏邺城的铜雀园,就与宫城相连,被都城的城墙包绕。皇家大内御苑一般在都城的中轴线上,成为城市中心区的一个有机部分,规划设计更加精心细致,园林营造已达到很高的艺术水平。秦汉时期苑囿的狩猎、求仙、通神的功能在魏晋园林营造中淡化或者消失,以满足精神享受为主的游赏功能增强了。园林景观由秦汉时神仙境界的模仿变为世俗题材的创作,更多的人间现实场景被纳入到园林中,以满足帝王的世俗生活或者迎合帝王游玩作乐的需要。比如华林园中就有佛寺、精舍、市肆等,融雅俗、人神在一园中。齐明帝之子东昏侯在芳乐苑中模仿市井,广列店铺,太监们每天早上准备酒肉杂货出卖,宫女和太监充当买卖双方,假造出一片繁忙的市井交易景象,而且东昏侯还亲自在店中卖肉,他的宠妃一边卖酒,一边充当市令,凡发生纠纷,就由她决断。北齐后主高纬还在皇家苑囿中建"贫儿村",自己穿着褴褛装扮成乞丐,同时还设"买卖街",命太监、宫女交易买卖。高纬自己有时也当街屠肉,让他的宠妃当垆卖酒,到底是体验百姓生活,还是自取其乐,就不得而知了。

隋唐时期是园林全面发展的时期,皇家园林趋于华丽精致,注重建筑美与自然美的统一。隋代的西苑和唐代的禁苑都是山水结合巧妙、建筑结构精美、动植物种类多样的皇家园林。皇家园林的位置集中在都城长安和洛阳,两京之外也有营建。隋时东都洛阳城西的西苑,又称会通苑,方圆200多里,北至邙山,南抵伊阙。西苑北面有一条蜿蜒曲折的龙鳞渠,沿渠随地势建有十六所宫院,殿堂楼阁,构造精巧,华丽壮观。龙鳞渠上飞桥静卧,两边林木郁郁葱葱,修竹摇曳,曲径通幽。苑内南面有湖,方圆十余里,足可称为海,"海"上有蓬莱、方丈、瀛洲诸山,高出水面百余尺。奇山碧水,相映成趣,亭台楼榭,点缀其间,从各地征集来的奇花异草、珍禽异兽,供帝王观赏游乐。如此人间天堂,巧夺天工,常令帝王乐而忘返。西苑以湖、渠水系为主体,将宫苑建筑融于山水之中,是建筑宫苑向山水宫苑演变的转折点,开了后世山水宫苑的先河。

唐朝政治稳定,经济发展,文化繁荣,诗文、绘画、工艺等都呈现出了很高的水平,都城长安营建了规模宏大的皇家苑囿。禁苑在长安城北面,是皇帝游猎和娱乐的场所,苑内有离宫、球场等,四围有墙,南接京城,北枕渭水,西包括汉长安城,东到浐水,除了游赏娱乐功能,还起着拱卫宫城的作用。

宫城内有东苑、西苑和南苑三大内苑,大明宫北有太液池,堆筑蓬莱仙山,池周有回廊四百多间,布置殿宇亭台,兴庆宫内以龙池为中心,围有多组院落,形成了内廷园林区。长安城的东南边还有曲江池风景区、芙蓉园,有时向百姓开放。唐代也注重离宫别苑的修建,麟游县天台山上的九成宫,是一座避暑宫苑,临潼县骊山北麓的华清宫则是一座避寒宫苑,另外还有登封的三阳宫,沿河谷而建,河边天然石峰兀立,楼阁屋宇灵活巧设其间,具有浓厚的山水林泉意味,武则天曾在此大宴群臣。宋之问的《御游应制》诗中赞叹道:"离宫密苑胜瀛洲,别有仙人洞壑幽。"隋唐时期皇家的园居生活丰富多样,既要在宫城中、都城中享受山林之趣,还要选择自然形胜之地建离宫别苑,以便弥补城市之不足,回归山林,更彻底地享受林泉之美。隋唐皇家苑囿因而形成了大内宫苑、城郊禁苑和离宫别苑的区分,并且在规划布局方面各具特色。

　　宋朝的造园活动十分普遍,从都城到地方,帝王、贵族、平民都有造园的行为。北宋经济发达,城市繁荣,绘画、诗文等艺术取得了很高的造诣,文人士大夫除了进行琴、棋、书、画等传统艺术活动外,品茶、古玩鉴赏、花卉观赏等活动也开始盛行。在这样的环境中,文人造园常将诗情画意融入园林营造中,园林更加精美雅致,写意色彩十分突出。私家园林的手法和风格渗透到皇家苑囿中,从而对皇家园林产生了影响。

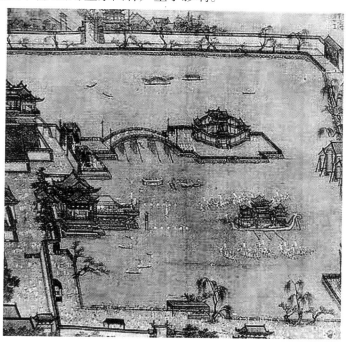

图104　宋画中的皇家园林

113

宋徽宗时期所修筑的东京汴梁的"艮岳"最具有代表性,艮岳位于京城东北,是在平地之上以大型人工假山仿造神州大地优美山川的写意山水园。由于汴梁附近地势平坦,没有崇山峻岭,少有茂林泉壑,不仅帝王不能称心如意享受山林之趣,而且在宋徽宗看来,帝王或者神灵都应非形胜之地不居。当时确实有方士进言,认为京城的东北一带,风水还算不错,只是地势稍微低一点,如果能够增高一点,则能够使皇家的子嗣繁衍。皇帝于是下命令培土筑山,据说地势改变后,方士之言果然应验。后来,政局稳定,朝廷无事,宋徽宗对建造园林的事非常重视,决定人工筑假山建园林,改变京城附近没有山岳之趣的形势。艮岳在营建之前应有精心的规划,据说是按图度地施工的。修成后的艮岳周边约十里,最高的一座山峰达到九十步,其基本格局是:"冈连阜属,东西相望,前后相续,左山而右水,沿溪而傍陇,连绵而弥满,吞山怀谷。"这座皇家苑囿试图将凤凰山、雁荡山、庐山、三峡、洞庭等名山大川之景和各地的奇石佳卉、珍禽异兽都集于一园中。为了建造园林,搜集名花奇石,在苏州设立了专门的机构负责。当时运送花石的船成群结队,十船称为一"纲",所以叫作"花石纲"。艮岳"范山模水"的技艺达到了极高水平,园中假山主要有两座:北部的万岁山和南部的寿山。艮岳中叠山置石的技艺超凡,每座小山峰都有空间意义,整个艮岳似乎就是大中华江山的全部,宋徽宗也认为艮岳中的假山与"泰、华、嵩、衡等同"。园中的水景样态丰富,几乎包罗了河、湖、沼、溪、涧、潭等自然水体的各种形态。亭、台、楼、阁、馆、轩、厅、堂等各种形式的建筑物点缀在山水间,水村、野居的农家

图105　北海琼华岛

风光、市镇酒肆等都能在艮岳中找到。同时,艮岳又是遍植奇花异草的植物园,也是驯养珍禽异兽的动物园。北宋的皇家苑囿还有一处是位于京城西边顺天门外的金明池,从宋画《金明池争标图中》可以看到,整座园林布局规整,池形方正,四面有围墙,设门十多座,临池有台榭,池中有一座小岛,上面建有圆形的廊院,中间是两层楼阁,有一拱桥将池边台榭与小岛连通,岸边垂柳依依,池中舟船相竞,风光明媚,建筑瑰丽。

　　元、明、清三代建都北京,皇家园林的营建历代沿革发展。元代大都城的皇家园林有宫城北面的灵囿,还有以太液池为中心的苑囿。元代的太液池包括了北海和中海,太液池中有琼华岛(万寿山)、瀛洲岛、方丈岛(犀山台)三座仙山,继承的是一池三山的传统宫苑形式。明朝的宫苑一处在紫禁城的北部,也就是元代灵囿所在的地方,此处宫苑内有一座人工堆筑的假山,叫万岁山,是用紫禁城护城河中挖出的土堆成的,其上有五座山峰,中峰最大,整座山就像宫城背后的一座屏风。山下豢养着鹤群、鹿群,蕴含长寿、万岁的意思。明时还在元太液池的南端开凿了南海,形成了北海、中海、南海的格局,又对琼华岛上的主要建筑物进行了修缮,形成了一座新的御苑。这座御苑在皇宫的西面,因此称为西苑。

图106　圆明园方壶胜境

清代园林发展到了集大成的阶段,皇家宫苑在设计和建造上,都达到了高峰。清代继续营建西苑三海,使其成为紧靠宫殿,景色宜人,可供帝王居住、游憩、处理政务的重要场所。除此之外,紫禁城中还有故宫御苑、建福宫花园、慈宁宫花园。但是大规模的园林建设则是在京城西北郊和承德两地大修离宫。清朝皇室精选地形、大力营建,修成了河北的承德避暑山庄,并且在北京西郊形成了庞大的皇家行宫苑囿区。其中"三山五园"最为著名,它们是香山的静宜园,玉泉山的静明园,万寿山的清漪园和畅春园、圆明园。全盛时期,附近还有朗润园、蔚秀园、鸣鹤园、弘雅园、澄怀园、自得园、含芳园等九十多处皇家御苑,方圆几十里,园园相连,亭台在望,蔚为壮观。这些总结了几千年造园的经验、融汇南北风格流派、取全国名园精粹的园林宫苑,成为中国古典园林艺术中的精品和几近完美的经典。

"皇家苑囿万景收"的气魄和特点,是与皇室身份地位相符、能够表现出皇家风范的。皇家苑囿一般规模宏大,占地面积广阔。"普天之下,莫非王土",皇室选择园址自由,能够找到得天独厚的形胜之地修建园林,可以享受到真山真水的自然美景,即便没有合意的真山真水,皇家也能够搜罗天下美景、能工巧匠,不遗余力地打造出巧夺天工的山河胜景。"移天缩地在君怀",皇家苑囿能够博采众家之长,荟萃天下美景,园林中布置景点众多,建筑风格多样,集帝王游乐、听戏、狩猎、长期居住、处理政务、召见大臣等多项功能于一体。为了实现这些功能,园林中的建筑布局采取宫苑合一的方式,建筑物体量高大雄伟,色彩金碧辉煌,宫殿式建筑遵循中轴对称原则,体现皇家威严。皇家园林是帝王们的乌托邦,他们贪全求大,在园林中营造各种各样的理想境界,"一池三山"的蓬莱仙境、方壶胜境、须弥灵境、佛界天国,诸如此类,都是用建筑语言象征手法塑造出来的园林景观。"却笑秦皇海上求,仙壶原即在人间",体现了皇家通过园林营建乌托邦、造就人间天堂景观的心理动因。

二、私家有园可幽居

除了皇家园林,还有一类在我国古典园林中具有重要地位的园林,就是私家园林。私家园林在古籍中称为园、园亭、园墅、池馆、山庄、别业等,属于王公、贵族、地主、富商、士大夫等私人所有。

有人将私家园林的源头追溯到人类早期所经营的生产性质的园圃,我国自有文字始,就有关于园圃的记载。据郭沫若对殷墟卜辞的考证,发现殷时和园圃种植有关的文字有"圃""囿""果""树""桑"和"栗"等。[1]周以后,关于园圃的记载就更多了。《孟子》中有"五亩之宅,树之以桑"的情景描写,《楚辞·离骚》中有文字曰:"余既滋兰之九畹兮,又树蕙之百亩。畦留夷与揭车兮,杂杜衡与芳芷。"《诗经》中不仅有多处文字提到园圃,而且还有大量植物种类的描写。当时的园圃属于生产性的种植园,就在主人的家宅之旁、里门之内。农田、园圃、宅舍结合一起的布局方式,在实行井田制的殷周时已非常普遍。这种宅园结合的布置方式也是后世私家园林最常见的形式。私家园圃除了种植果蔬等经济作物的功能外,还可祭祀祖先。如《诗经·小雅·小弁》:"维桑与梓,必恭敬止。靡瞻匪父,靡依非母。"[2]园中宅旁的桑树、梓树是古代用来祭祀祖先的。古代园圃作为早期的私家园林,在敬天法祖的祭祀功能方面,与皇家苑囿是相通的。古代园圃主要作用是生产,它的观赏作用并不突出,至少作为平民的园主人并没有自觉的审美意识,因此,早期园圃只能说具有私家园林的粗略形式,但不具备私家园林的精神实质。

先秦时期有贵族私园和隐士山水园出现。贵族私园的主人属于帝王、诸侯之下的公卿、士大夫等阶层,春秋战国时期崛起的"士"人,也属于这一阶层。贵族私园有城市宅园,也有自然山水园。齐桓公时,管仲在家里所筑的"三归之台"、春秋鲁国之相季氏宅院中的"武子台",都是城市宅园,这些私园的形制难以确知,但应该是模仿商周以来皇家园林的,与"灵台"之类的高台式园林建筑差不多。还有更多的贵族私园看重的不是宗教功能,而是帝王宫苑中歌舞游乐的功能。从出土的东周青铜器上的图像分析,当时的园林以台榭为主,作为观赏游乐的功能已很突出。河南辉县赵固墓出土的一个铜鉴纹样图案描述了这类园林歌舞娱乐的场面:正中是一座二层楼房,楼中的人鼓瑟投壶,鼓乐齐鸣,边歌边舞。楼的左边挂有边磬,右边悬编钟,歌舞之人的旁边有鼎豆等器物,似在烹饪酒肉。园中有习射者,弯腰张弓以射野兽。池沼中有人泛舟,亦搭弓矢作远射的姿势。围墙外的树丛中,禽鹤翩翩起舞。由此推想,这座私家园林虽然规模较小,但是与帝王宫苑类似,也具有骑射、宴游、娱乐的功能。贵族私园中的自然山水园,选择城郊或者山野中自然风光好的地方经营园林,顺应自然地形,再以建筑点缀其中,多为田猎、休闲之用。战国时期,燕国太子丹赐给樊於期、荆轲的山馆,就是典型的贵族自然山水园:"二馆之城,涧曲泉清,山高林茂,风烟披薄,触可栖

①郭沫若:《中国古代社会研究》,北京:人民文学出版社,1954年版,第185页。
②程俊英、蒋见元:《诗经注析》,北京:中华书局,1991年版,第603页。

园林建筑巧营构
YUANLIN JIANZHU QIAO YINGGOU

情,方外之士,尚凭依旧居,取畅林木。"①

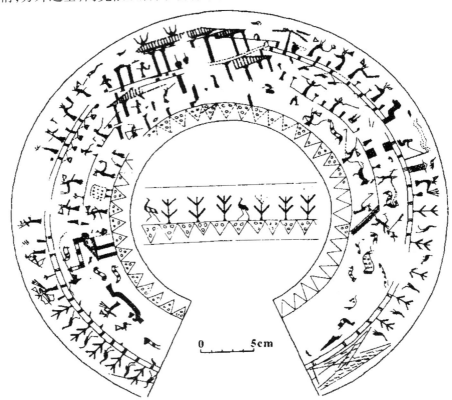

图107　河南辉县赵固墓出土的战国铜鉴纹样图案

　　先秦时隐士栖身的自然山水园,直接利用自然山水景物,在其中建必不可少的建筑,供隐逸者栖身。这些隐士将简单朴拙的别墅建在山野中,只是为了离群索居,逃避政治。伯夷、叔齐成为前朝遗臣时,就曾选择隐逸式的生活。姜子牙也曾有过一段隐居的生活:"(姜)太公钓兹泉,今人谓之丸谷,石壁深高,幽篁邃密,林障秀阻,人迹罕交,东南隅有一石室,盖太公所居也。"②他隐居的地方就是一处自然山水园,地势险要,林木茂盛,风景优美,人烟稀少,与世隔绝,园主人居住在"石室"中。先秦的贵族园林和隐士山水园也属于私家园林的类型,只不过贵族园林受皇家园林的影响很大,没有脱

　　①郦道元:《水经注》(卷十一),谭属春、陈爱平点校,长沙:岳麓书社,1995年版,第173页。

　　②郦道元:《水经注》(卷十一),谭属春、陈爱平点校,长沙:岳麓书社,1995年版,第268页。

离皇家园林而自成体系。隐士山水园也只是对山水环境的简单顺应利用，还没有像魏晋时期的隐士那样以纯粹审美的眼光去欣赏自然山水，缺乏营建园林的自觉意识。

图108　姜子牙钓鱼台

　　汉代的皇亲国戚、富商巨贾、王侯地主等营建私园，气势恢宏、规模宏大，直追皇家园林。西汉初梁孝王刘武和鲁恭王刘余等人，所拥有的私家园林都有着帝王苑囿的规模。兔园是梁孝王的私园，方圆300多里，园中造华宫、挖池沼、筑山岳，宫观相连，绵延几十里，奇果异树、珍禽怪兽，应有尽有，梁王常与宫人宾客游乐其中。梁孝王爱好墨翰文雅之事，广交文人名士，司马相如、枚乘、邹阳等都是他的座上客，有很多人长期居住园中，乐不知返。东汉时，外戚梁统玄孙梁冀在宅舍旁开的苑囿，也是范围广大，采土筑山，深林绝涧，包蕴丰富，如同皇家。皇亲国戚如此，富商巨贾的私家园林也蔚为壮观。茂陵的富豪袁广汉，财力雄厚，光家童就有八九百人，他营建的园林更是气魄非凡。据《西京杂记·袁广汉园林之侈》记载："于北邙山下筑园，东西四里，南北五里，激流水注其中。构石为山，高十余丈，连延数里。养白鹦鹉、紫鸳鸯、牦牛等奇兽珍禽，委积其间。积沙为洲屿，激水为波潮，致江鸥海鹤孕雏产谷，延缦林池；奇树异草，靡不培植。屋皆徘徊连属……"汉朝私园主人地位显赫，大多园林模仿皇家苑囿而规模略小，仍然延续的是皇家园林繁杂华丽的风格。

　　皇亲国戚、达官贵人和皇家关系密切，他们的私园风格受皇家园林影响是很自然的事，甚至有些园林的营建就是为皇室服务的，有点皇家气象也符

119

合情理。《红楼梦》中的"大观园",虽是贾家的私园,却是为迎接皇贵妃元春省亲而建造的,相当于皇家的行宫别墅。这座虚构的园林设计精妙、景观丰富、建筑风格多样,装饰华贵,充满了皇家气派。园林的豪华富丽,竟使元春"在轿内看此园内外如此豪华,因默默叹息奢华过费"①。不过,进园游览,登楼步阁,攀山涉水,一个个景点都新奇独到,园中有园,繁花名木、鹿鸣鹤啼,应有尽有,令人观览徘徊,叹为观止。元春观后题诗曰:"衔山抱水建来精,多少功夫筑始成。天上人间诸景备,芳园应锡(赐)大观名。"②曹雪芹在虚构这座园林时,心中应该有皇家苑囿的样本,要不,泱泱大观、巍巍气派,又从何而来呢?

图 109　大观园全景图(清·孙温)

私家园林当然不能一直罩在皇家苑囿的影子里,魏晋南北朝是重要的转折时期。社会的动荡,政治的不稳定,朝不保夕的不安全感,使得很多世家大族、文人士大夫为了保全性命,纷纷走上了退隐山林的避世道路。隐逸风尚促进了私家园林的建设,西晋的大官僚石崇在洛阳有金谷园,东晋诗人谢灵运在会稽营建山居别墅。这两家都是名门望族,他们选择自然风景优美的地方营建庄园,园中有大片的土地、山林、楼阁亭台,还有果药植物、鸡鸭猪鹅,池沼多养鱼鸟。这些私家园林既可以提供生活的必需品,又是宴游观赏、隐居的天然环境。文人士大夫崇尚自然、寄情山水,对大自然美的发现,审美意识的自觉,使田园诗、山水画开始出现。山、水、泉、石、丘、壑等在诗画作品中作为艺术形象出现,山水诗画的意境对造园活动产生了影响,很

①曹雪芹:《红楼梦》,北京:人民文学出版社,1982年版,第245页。
②曹雪芹:《红楼梦》,北京:人民文学出版社,1982年版,第250页。

多文人开始将诗情画意融入园林中,在住宅旁模拟自然山水营造具有情趣的私家小园。将自然山水缩写入自家的园林中,写意山水园的理论和造园手法基本形成,"以小见大""尺幅万里"的手法与意境在文人园林中已有体现,庚信的《小园赋》说:"若夫一枝之上,巢父得安巢之所,一壶之中,壶公有容身之地。"

唐宋时期,人们营造私园的积极性有增无减。唐时,文人对山水的热情越来越浓厚,诗与画的艺术也高度发达,他们造园常常把诗画情趣与园林景观联系起来,希图在小小的园林中拓展无穷的精神空间。据说,唐开元以后,东京洛阳城郊有邸园一千多处,造园盛况于此可见一斑。裴度的私园和绿野堂、王维的辋川别业、李德裕的平泉庄、白居易的庐山草堂和洛阳私园、司空图的司空庄都是唐朝著名的园林。宋朝园林比唐朝园林更加精巧雅致,写意化倾向更为明显。元明以来,一些文人和画家参与了造园活动,山水画的成熟和审美观念影响了园林的创造,造园艺术所追求的仿画风格,

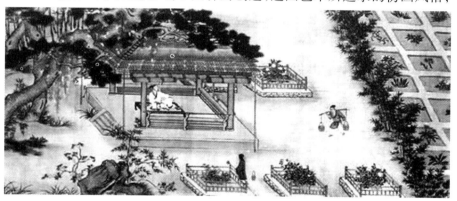

图110 独乐园图(局部)(明·仇英)

就是这种影响的结果。元初的赵孟𫖯在归安造莲庄,元末的画家倪瓒在无锡筑有清閟阁。至今犹存的元代私园苏州狮子林,最初营建时,园主人天如禅师就曾邀请倪瓒和其他许多文人共同商议,倪瓒还画有一幅狮子林图卷。文人和画家将宋元以来山水画的意境移入园林中,使造园的艺术水平迅速提高。明清时期,园林艺术发展到高峰,除了大量营造皇家园林外,私家造园也蔚然成风。有清一代,王公贵族、官僚地主、富商等建造的园林多集中在物质丰富、文化发达的城市和城市近郊,常常和宅院在一起,属于名副其实的城市山林。当时的私园不仅数量上是历代最多的,而且还逐渐显示出地域特色,形成了北方园林、江南园林、岭南园林三大体系。

北方园林以京城北京为主,城中多是富商巨贾、王侯官宦的私园,清朝

的王府都带有花园,它们大多受皇家园林影响,追求华丽烦琐,模仿雍容华贵之风。李伟的清华园、米万钟的勺园、李戚的畹园等,是明代较有名的私园,集中于北京西北郊一带。清代的承泽园、恭王府花园都是著名的王府宅邸私园。承泽园在西城区果亲王宅邸东面,园中有山有水,亭台巧设,来青榭、揽云台、书斋等可供望水

图111　恭王府妙香亭和榆关一角

景、赏月、读书。有些景观模仿江南,风格秀美,比如烟雨矶三面临水,宛如金陵的燕子矶;中央岛上的春和堂,形似镇江的金山等。竹木、芳草、佳卉种植,疏密得当,园中有寺,钟声悠悠,还有半亩种菜的良田,以示躬耕之意,象征田园风光。恭王府花园在什刹海西侧,建筑华丽精美,花园在府第的北面,叫萃锦园,模仿皇家气派。园内建筑布局既有中轴线,也有对称手法,建筑形式受北方四合院影响较大,比较规整、拘谨。主要建筑和景观分左、中、右三路,成多个院落。中轴线上的建筑和山水景观基本对称,依次是园门、飞来峰、蝠池、安善堂、方池、假山、邀月台、绿天小隐、蝠厅。东、西路只是山体对称,建筑不对称。东路主要是戏楼和院落,前有精美的垂花门,后有流杯亭。西路最前面是榆关,由一段城墙式的围墙和门洞构成,墙连接青石假山,依次向北有敞厅秋水山房、妙香亭、大水池,池中央有水榭,池北有澄怀撷秀等景点。全园山景布置有新意,东、西、南三面各有两座山,六条山体喻为六龙围合成一个大的园林空间,中路的后部有一座山为中龙。此园设计主题突出,园内亭台楼阁、水榭荷塘中隐藏着九千九百九十九只“蝠”,再加上康熙亲笔题写的福字碑,乃是真正的“万福”之地。园中的水景稍差,很难与江南园林媲美,不过,恭王府仍是北京王府园林艺术的精华所在,是目前北京保存较完整的王府宅邸。

岭南是我国南方五岭以南的总称,其地域主要涉及广东全境,福建南部,广西东部、南部等,由于气候条件、自然景观和人文环境的不同,形成了岭南地区不同于北方和江南风格的私家园林。岭南园林占地面积较小,且多是宅园,建筑形象在园林造景中起着举足轻重的作用,建筑体量偏大,往

往连宇成片,组合形式密集、紧凑,建筑物内部结构细致精良,装修、细木雕工等都很讲究,乡土味、西洋味兼具,表现出岭南园林重视世俗享受、务实的特色。观赏性和实用性的结合,使得岭南园林并不注重对自然山水胜景的写意或模仿,不过分追求整幅山水"画境"的完整,而是用假山、池沼、花木等点缀庭院,各自成景。水面多为小型池沼,石砌水岸,形式多规整,不特意追求变化。植物带有岭南特色,品种繁多,全年树木苍翠,花团锦簇,可用"四季繁花,热带风光"八字概括。广西、福建、广东等地的园林各有不同,但岭南园林的主流是广东园林,顺德清晖园、佛山梁园、番禺余荫山房和东莞可园四座古典园林,是广东园林的实例,也被称为"粤中四大园林"或"岭南四大园林"。广西的雁园、福建的菽庄花园也有可称道之处。

图112 东莞可园

"江南园林甲天下",明清城市私家园林艺术最为杰出和最有代表性的还是江南园林。江南园林以苏州、扬州、南京、无锡、常熟、湖州、上海等城市为主,其中尤以苏州、扬州著称。南方气候温和,经济发达,文化兴盛,河湖密布,花木繁盛,湖石形态多样、玲珑剔透,具有较好的造园条件。城市中难以选到适宜的有真山真水的地方,而且用地有限,江南园林一般选择在城镇的平地上依傍住宅建园,以假山水池为构架,巧置楼台水榭、点缀花草树木,常小中见大,把大自然的美景缩小、摹写在不大的空间内,在城市中造出山林野趣。园林色彩淡雅、柔和,妙在小,精在景,贵在变,长在情,高低曲折随人意,园中匾额、题咏、楹联等意味深长,因画造景、由文入情,富有诗情画意。苏州的拙政园、留园、网师园、沧浪亭、狮子林、环秀山庄,扬州的瘦西

123

湖、个园、何园，无锡的寄畅园，常熟的燕园、壶隐园，南京的瞻园、愚园、随园，上海的豫园、内园等都是江南有名的私家园林。

图113　扬州个园

清时，康熙、乾隆皇帝多次南巡，留恋园林风光，对江南私家造园具有推波助澜的作用，各地纷纷造行宫花园，很多文人雅士、商家富贾等为了造园不遗余力。皇帝迷醉江南胜景，认同江南园林艺术，回京后造皇家园林，要求模仿江南园林景观，圆明园、颐和园、避暑山庄等园林景点都有对江南园林的仿写，可见，江南园林出色的造园艺术对北方园林，尤其是皇家园林产生了不小的影响。

高超的造园艺术需要杰出的造园家，明清时期，一大批造园家脱颖而出：张涟、陆叠山、计成、张然、石涛、李渔、仇好石、叶洮、李斗、戈裕良等，不少人既有造园实践，又有著作总结造园经验和理论。明代计成、清代李渔可谓代表。计成能文善画，造园经验丰富，曾为江苏常州地方官吴又于设计宅园，著有《园冶》。李渔在北京造半亩园、芥子园，其著作《闲情偶寄》中对叠石成山、开窗取景、屋舍格局、花木种植等方面都曾述及。

三、颐和园：名园实例欣赏之一

如今实存的园林建筑，大多营建于明清时代，北京的皇家园林、南方的私园都是园林艺术中的精品佳作，凝聚着古代文化的丰富内涵，写满了古人对于美的感悟和理解。陈从周先生曾说："中国园林是由建筑、山水、花木等组合而成的一个综合艺术品,富有诗情画意。"①现代人只有走近、游赏大量的传世名园,置身其中,目看、耳听、心体会,细品其中的掇山理水之巧、回廊漏窗之胜、移步换景之妙,才能克服纸上谈兵的虚浮,欣赏到鲜活生动的园林之美,体味诗情画意,享受到一种与城市喧嚣隔绝的山林野趣,真正领会古典园林的文化精神。

颐和园位于北京西郊,此地山明水秀,为历代名园荟萃之处。清时乾隆看中了这块有山有水的宝地,于公元1750年开始营建清漪园,后改称颐和园。修园的名目有二:一为庆贺母亲皇太后六十大寿,作为寿辰献礼;二是整治京城水系,造福黎民百姓。两个名目,于公于私都有利,修园理由也算充足。另外,乾隆六次南巡,饱览江南山水胜景,酷爱山抱水环、秀美迷人的南方园林造景,北方的自然山水环境与南方不能媲美,已有圆明园、静宜园、静明园等皇家园林或者有水无山,或者有山无水,与江南园林相比,总为憾事。因此,选取有山有水的适宜之地,模仿江南园林景观,将皇帝心仪的各种江南美景集中写入皇家园林内,利用北方山水造出一个具有江南灵秀之景和水乡情调的园林,使得皇帝虽在北方,照样可以移天换地,享受江南美景,也可能是修园的真正动机。

图114　万寿山佛香阁建筑群

毕竟,皇帝君临天下,皇家威权怎么可能降伏不了地域不同、气候殊异等所造成的差别呢?皇帝有这种心理当属寻常之事,宋徽宗赵佶搜罗天下美景造出包罗万象的艮岳之后,就曾不无炫耀地说:"设洞庭湖口丝溪仇池之深渊,与泗滨林虑灵璧芙蓉之诸山,最瑰奇特异瑶琨之石,即姑苏武林明

---

①陈从周:《梓翁说园》,北京:北京出版社,2011年版,第2页。

越之壤,荆楚江湘南粤之野,移枇杷橙柚橘柑榔栀荔枝之木、金峨玉羞虎耳凤尾素馨渠那茉莉含笑之草,不以土地之殊,风气之异,悉生成长养于雕阑曲槛。"无论江南江北、荆楚南粤、洞庭湖口等地的水景、山色、奇石、异花都被仿写、移植于皇家园林内,包孕一切,再造山川,这自然就是皇家气派。

颐和园是一座自然与人工完美融合的大型皇家园林,占地4000多亩。原有的瓮山和湖泊自然呈现北山南水的格局,园林修建时,将原有湖泊水面进一步扩大,将开挖湖泊的泥土堆积在瓮山东西山坡两侧,使其两边形成较为舒缓的形状。另外,在瓮山上下设计修造大量建筑,弥补此山不够高耸、缺少起伏变化的自然缺陷,并且改名叫万寿山。经过十几年的经营,最终形成了万寿山耸立园北、昆明湖漫涌山前、大量建筑聚散得宜的总体布局。园林造景讲究虚实相间,颐和园中山体、建筑为实,浩瀚水面为虚,水面占有四分之三的面积,山拥水、水围山,湖山秀丽,相得益彰,俨然一幅北国江南山水画卷。

图115　颐和园乐寿堂

万寿山坐北朝南,面临昆明湖,耸立其上的佛香阁,建在高21米的巨石台基上,八面三层四重檐。以佛香阁为中心的一建筑群,形成全园的主轴线。从昆明湖前的云辉玉宇牌坊向北,依山势而上,沿中轴线依次有排云门、排云殿、德辉殿、佛香阁、智慧海。智慧海位于山顶,是一座两层的宗教建筑,喻含佛家所宣扬的智慧如海的意思。该建筑全用砖石修成,不施寸木,外镶五色琉璃砖,砖上刻满一排排的小佛像。这一组建筑群的东西两侧,对称布置有成组的建筑,其中宗教建筑有转轮藏、五方阁。此外,还有不少建筑,如景福阁、听鹂馆、画中游、湖山真意、云松巢、邵窝等,均衡地分布在山上,起着观景、点景、娱乐的作用。

　　作为皇家离宫型园林,必然要有供皇帝居住、读书、听政、处理朝廷事务的场所,即宫廷区或者政务活动区。清朝几任皇帝都喜欢栖居园林中处理朝政,美其名曰"避喧听政"。颐和园的政务活动区在东宫门内,万寿山东面的山脚下,此地相对平坦,靠近京城方向,出行方便,适合布置宫廷建筑群。正如计成在谈到园址选择时说:"郊野择地,依乎平冈曲坞,叠陇乔林,水浚通源,桥横跨水,去城不数里,而往来可以任意,若为快也。"[1]臣下、使节可通过东宫门就近觐见,不用深入园内景区。宫殿建筑群中,有供皇帝听政的仁寿殿,面阔七间,坐西面东,卷棚歇山顶式,上覆灰瓦,不用琉璃瓦,以示苑囿建筑的特点。仁寿殿后临湖,有玉澜堂、宜芸馆、乐寿堂三座大型四合院,是帝王、帝后们的起居处,三院之间有游廊相通。生活区内还有一座大戏楼,曾是慈禧观戏的地方,楼高21米,舞台宽17米,戏楼结构复杂、设计巧妙,是当时全国最大的戏楼,清末京剧名家谭鑫培、杨小楼等都在这里为慈禧表演

图116　德和园大戏楼

①计成:《园冶》,北京:中华书局,2011年版,第46页。

过。这组宫殿建筑群仍遵循前朝后寝的布局方式,仁寿殿的左右都有配殿,组成一个规整的庭院。不过,作为园林建筑,形式相对灵活,庭院中栽植花木、点缀湖石,色彩相对淡雅,以配合园林环境。

从万寿山南望,浩瀚的昆明湖跃入眼底,碧波荡漾,气象万千。整个昆明湖面被长堤分成大小不同的三处湖面,每处湖面中间各有一座小岛,以龙王庙、治镜阁、藻鉴堂为主要标志的三座小岛,象征东海中的蓬莱、方丈和瀛洲三座仙山,是历史上皇家园林中惯用的"一池三山"规划模式。东堤由北向南随湖面曲折而去,沿堤点缀有知春亭、廊如亭、铜牛等景观,十七孔桥状如长虹,将廊如亭与南湖岛连在一起。南湖岛是湖中最大的岛,也叫龙王庙,环岛巨石堆叠,岛上有涵虚堂、鉴远堂等建筑。涵虚堂为卷棚歇山顶殿式建筑,南有露台,雕栏围合,可凭栏观景。湖中西堤从西北部逶迤向南,贯穿整个湖面,长2.5公里,堤上林木葱茏,新柳拂水,柳桥、练桥、镜桥、玉带桥、幽风桥、界湖桥,六座形态各异的桥,从南而北依次散布堤上,桥式变化多样,构图精美奇巧,处处犹如画境。炎炎夏日,如有闲暇,漫步西堤,清风拂面,湖中波光粼粼,荷叶成片,远处舟船往来,两岸柳丝依依,芦苇簇簇,恍如行走水上,游在画中。

图117　南湖岛涵虚堂

万寿山南面山脚下,沿着昆明湖畔修建的长廊,是颐和园中点景、赏景、框景、聚景建筑中的神来之笔。计成《园冶》中对园林中的廊有精彩概括:"廊者,庑出一步也,宜曲宜长则胜。古之曲廊……或蟠山腰,或穷水

图118　颐和园长廊

际，通花渡壑，蜿蜒无尽……"[1]颐和园的彩画长廊以排云殿为中心，呈东西方向分布，向两边延伸，东至乐寿堂西边的邀月门，西到石丈亭为止，全长728米，共273间。长廊时曲时直，临到西边尽头又随山势转去。廊东西两边对称建有四座八角重檐亭子，分别叫作留佳、寄澜、秋水、清遥，象征春夏秋冬四季。长廊南面东西两边各有伸向湖岸的一段短廊，衔接着对鸥舫和鱼藻轩两座临水建筑，西边北面另有一短廊，接着一座八面三层的建筑——山色湖光共一楼。

　　廊在古代普遍应用于宫殿、庙宇、住宅等建筑中，可为人们遮雨淋蔽日晒，园林中的廊，除了具有上述作用，还有分割空间、连接景点、改变观景视点、导引游人等功能。廊的形态多变，可为直廊、曲廊、波形廊，其基本建筑类型有四种：双面空廊、单面空廊、复廊和双层廊。双面空廊两侧都开敞，人在其中，可看两面，此廊屋顶一般是双面坡形；单面空廊沿一侧墙或建筑物展开，只有一面开敞；复廊是在双面空廊内沿中间屋脊纵向隔一条墙，将双面空廊变为两条单面空廊；双层廊就是将两条廊重叠而建，廊上有廊，也称楼廊。颐和园长廊是双面空廊，它将万寿山前的楼、台、亭、阁、轩、榭、馆等分散的景点串联在了一起，连接了湖光山色，人在廊中，山景水色都可欣赏。无论外界阴晴雨雪，漫游廊中，可行可停，可站可坐，可快可慢，移步换景，四时变化，景物有别，每每映入眼帘的，都像是一幅幅精心构图的山水图画。人们可以沿着长廊，从东到西，步步游弋，还可"斜枝旁出"，从两边的短

　　①计成:《园冶》，北京：中华书局，2011年版，第94页。

廊走出,或者进入廊亭,坐赏山景或水色。

长廊建筑本身也是值得细品的艺术空间,长廊的梁枋上共有14000多幅精美的彩画,画作内容丰富,题材广泛,涉及花鸟、树石、山水、人物故事等。1750年建长廊时,乾隆曾派如意馆画师去杭州写生,根据所得画本,在廊内横枋上画了546幅风景画。长廊人物故事彩画所涉及的时间跨度极大,涵盖从远古时代的三皇五帝到封建社会的最后一个王朝,题材有历史故事、民间传说、古典小说、戏曲神话、唐诗宋词典故等等,可以说是我国文化史的一个缩影。取材于《三国演义》《红楼梦》《水浒传》《西游记》《封神演义》等古典文学名著的人物画居多。据说,最初在长廊上画人物故事画与乾隆的母亲有关,皇太后非常喜欢听故事,经常一边在长廊中游览,一边让宫女给她讲各种故事听。她特别喜欢的一些故事,就让宫女们反复地讲。时间一长,宫女们所能讲的故事讲完了,以前讲过的故事也记不清了,这可难坏了宫女们。后来,她们想出了一个好办法:把故事的内容画在长廊两侧的梁枋上。故事越讲越多,梁枋上的人物故事彩画也越来越丰富。从此,宫女们再也不愁没有故事给太后讲了。太后因为年迈眼拙,看不清梁枋上的彩画,对此竟毫无察觉。另外,画师们还在长廊横梁上画了500多只象征长寿的仙鹤,姿态各异,栩栩如生。因此,置身长廊,就如同进入了一个彩画博物馆,即便不观湖光水色,只是观赏品评画作,上下五千年,纵横几万里,神游其中,无疑也是游园的一大乐事。

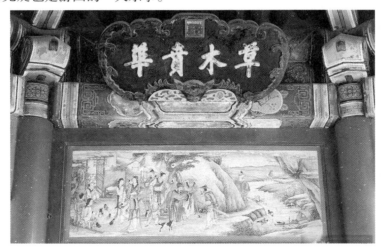

图119　长廊彩画《桃源问津图》

长廊尽头往西,万寿山西麓岸边,有一座雕刻精美、形神毕肖的石舫。

石舫船体用巨石雕成,乾隆二十年初建时,船上舱楼为中式,后来被毁,慈禧时重修,改为西式舱楼,窗上镶有五色玻璃,顶部有砖雕装饰。皇家把舵天下方向,此石舫修建寓意深远,乾隆皇帝以此提醒永记"水能载舟亦能覆舟"的训示,希望大清江山永固。普通游人观看石舫,惊叹于华丽精巧的皇家气派和巧夺天工的高超技艺,可能难以"胸怀天下",只是想到该舫提醒山景游览结束,可以鸣笛起航,泛舟湖中,也是情有可原的事。如能登上舱体,坐立窗边,凝视水面许久,船随水动,真假难辨,则更加富有情趣。

图120　颐和园石舫

图121　颐和园后山寺庙群

园林建筑巧营构

YUANLIN JIANZHU QIAO YINGGOU

万寿山的北麓是颐和园的后山后湖景区,此处环境清幽,造园者在靠近北园墙一带沿着山脚地形走势,挖出一条河道,河道宽窄不同,将昆明湖的水从西边引入后,形成了曲折有致、忽大忽小的水面,一路婉转通到谐趣园,这就是后溪河,也可称后湖。后山中央有一宏伟的大型汉藏式寺庙建筑群,从山下而上,前面是须弥灵境,现在改为平台,两侧有经幢,后有寺庙群主体建筑香岩宗印之阁。四周是象征佛教世界的"四大部洲"建筑:东胜神洲、西牛贺洲、南赡部洲、北俱卢洲,它们分别代表四方大地。主体建筑的左右、后山林荫之间,还有一些散布的亭台楼阁。穿过四大部洲向上,可到达万寿山巅的最高建筑智慧海。

泛舟后溪河,顺着弯弯曲曲的河道,夹岸茂林幽谷,渐行渐进,到了后溪河中部,两岸店铺林立,如入江南水乡市镇,泊舟岸边,即可沿着曲折的石板街道,进入各家店铺游逛。这里就是颐和园中模仿苏州铺面风格而建的一条买卖街,叫苏州街,是专供清代帝后逛市游览的一条水街。以水当街,以岸为市,街上广列店铺二百多间,玉器古玩店、绸缎店、点心店、茶楼、金银首饰店、钱庄、药房等各式店铺,应有尽有。每当皇帝游幸时,店铺就会营业,由太监、宫女扮成店员,讨价还价,高声叫卖,热闹非常。皇家园林中设买卖街景观,汉代就有,此后历代效仿;唐代苑囿讲究高雅格调,园中设市,几乎绝迹;到了宋代,市民文化兴起,皇家园林中的买卖街有时还为百姓在开放日游园提供方便。清代皇家园林中的买卖街景观出现在乾隆时期,禁苑畅春园、圆明园、承德避暑山庄、清漪园(颐和园)都设有买卖街。御苑中买卖街的设立,一则体现皇家园林"万物皆备于我"包罗万象、广泛罗列的造园思想;二则增加宫苑生活中的世俗生活气息,在清幽的园林环境中营造热闹的民间生活氛围。

大园中建小园,独成一体,是皇家园林这样的万亩之园常见的处理空间造景的方法之一,陈从周先生说:

> 万顷之园难以紧凑,数亩之园难以宽绰。紧凑不觉其大,游无倦意,宽绰不觉局促,览之有物,故以静、动观园,有缩地扩基之妙。而大胆落墨,小心收拾,更为要谛,使宽处可容走马,密处难以藏针。故颐和园有烟波浩渺之昆明湖,复有深居山间的谐趣园,于此可悟消息。①

谐趣园在万寿山东麓,颐和园的西北角,此园仿照乾隆特别喜欢的无锡寄畅园而造,原名惠山园,后改名谐趣园,有"一亭一径足谐奇趣"和"以物外之静

---

　　①陈从周:《梓翁说园》,北京:北京出版社,2011年版,第6页。

趣,谐寸田之中和"的意思。谐趣园营构引水而成池,有亭、台、堂、榭十三处,并用百间游廊和五座形式不同的桥相沟通。沿廊而行,步步有景,具有浓厚的江南园林特色。围墙和建筑将谐趣园与外界园景隔开,使其成为自有天地的园中园。

颐和园景观营造,善于利用借景手法。顺山沿湖的各个风景点选址时,尽量考虑如何将园内外的景色融为一体,昆明湖前湖的位置正好将西部玉泉山及山上的宝塔完整地借入园内,长长的西堤、六桥及水面与玉泉山及其宝塔构成一条风景线,在适合的观景点上,能看到以玉泉山为背景的优美画面。从万寿山前山和昆明湖向西望去,能看到远处颜色深浅不一的燕山山脉,包括西山和香山等群山作为园内景观的自然背景,如同锦绣屏障,扩大和丰富了园景。

图122 颐和园苏州街

摹景江南、极力模仿各地景色也是颐和园设计造景的一大特色。昆明湖与万寿山的位置与杭州西湖与小孤山关系相似,都是北山南水,湖中西堤模仿西湖苏堤,堤上六桥也与苏堤六桥形制一样,乾隆曾写诗曰:"面水背山地,明湖仿浙西。琳琅三竺寺,花柳六桥堤。"另外还有,谐趣园仿自无锡的寄畅园,十七孔桥模仿卢沟桥,南湖岛上的望蟾阁(涵虚堂前身)仿武昌的黄鹤楼,后山的苏州街仿苏州的买卖街,四大部洲寺庙群部分仿自西藏地区的著名古寺桑耶寺。处处模仿美景,恨不能将全国乃至全世界景观都囊括其中。

图123　西堤柳桥与玉泉山宝塔

　　游览颐和园,可动观,也可静看,可仰观,也可俯瞰,可远观,也可近玩,游览者选择不同的路线,就有不一样的情趣体验,季节不同,景色也各异。匆匆行过,满眼风光醉人,则余音袅袅,意犹未尽;驻足某处,细品慢看,则意味深长,乐而忘返。陈从周先生说:"如果景物有特点,委婉多姿,游之不足,下次再来。风景区也好,园林也好,不要使人一次游尽,留待多次有何不好呢?"①作为景点众多、文化内涵深厚的皇家园林,颐和园是一个太过丰富的空间,听不完的故事,看不够的风景,是我们走不够、看不厌的地方。一次游完,未免草率,多去几次,又有何妨呢?

四、网师园:名园实例欣赏之二

　　私园的主人总想营造一个能够读书、宴客、游乐、修身养性、可游可居的山水空间。选择自然山水、合理改造也曾是私园营造的方法之一,不过,远离城市、遁入山林的隐居生活毕竟也有不便之处。于是,既能取城市生活之便利和物质享受,又能得到山林之乐的城市私园或近郊别墅便应时而出,文人追求山水之居的目光也从大自然转向了人工山林,从山野之中移到了城市宅院之旁。清代造园家李渔说:

　　　　幽宅磊石,原非得已。不能致身岩下,与木石居,故以一卷代山,一勺代水,所谓无聊之极思也。然能变城市为山林,招飞来峰使居平地,自是神仙妙术,假手于人以示奇者也,不得以小技目之。②

　　①陈从周:《梓翁说园》,北京:北京出版社,2011年版,第7页。
　　②李渔:《闲情偶寄》,杭州:浙江古籍出版社,1985年版,第180页。

营建私园时,如何做到"一卷代山,一勺代水"? 在有限的空间内营造出无限的境界,在喧嚣的城市中创造一方世外桃源,就成为造园者的不懈追求。

　　网师园是苏州著名园林之一,论历史,它没有沧浪亭古老;论名气,它没有拙政园显赫。留园空间的丰富、狮子林洞壑的幽曲,它都赶不上。但网师园却是典型的宅园合一的私家园林,它小而完整、布局紧凑、建筑精雅,被誉为"苏州园林之小园极则"。[①]从南宋初建到形成现在的格局,虽数易其主,但一直都是私园,园主多为文人雅士。因此,领略园林"咫尺山林"的美、体味文人雅趣、隐逸气息,网师园一游,应当是不错的选择。

　　网师园是一座城市宅园,是园主人精心营造的一个可游可居的空间。虽处城市喧嚣之中,却能够使园主人摒弃世俗,享受山林乐趣。宅园结合的布局设计,充分展示了文人追求居舍雅致化、审美化的潮流。这是一个与文人高雅、淡泊的生活方式相适应的宅园空间,它已超越遮风避雨的实际功能,成为文人精神的安顿所。网师园面积约10亩,整体可分为三部分,东边是住宅,主园在中间,西边是内园。

1.大门　2.轿厅　3.万卷堂　4.撷秀楼　5.梯云室　6.五峰书屋　7.集虚斋
8.竹外一枝轩　9.看松读画轩　10.殿春簃　11.月到风来亭　12.濯缨水阁
13.云冈　14.引静桥　15.小山丛桂轩　16.蹈和馆　17.琴室

图124　网师园全景

①陈从周:《梓翁说园》,北京:北京出版社,2011年版,第84页。

图 125　网师园藻耀高翔门

　　东部是典型的苏州式多进院住宅,平面呈长方形,建筑沿中轴线规整布局。宅门向南临巷,前有照壁,门两侧置有抱鼓石,上饰狮子滚绣球浮雕,大门东侧设有便门,大门格局显示园主的门第身份。进入大门,穿过轿厅,就来到了住宅区的主体建筑万卷堂。堂前的门楼垂脊高扬,色彩淡雅清新,砖雕精细生动,被誉为"江南第一门楼"。门匾"藻耀高翔"的左右两侧分别雕有"郭子仪上寿"和"周文王访贤"的立体图案,寓含"福寿双全""德贤文备"的意思。图案雕工细腻、线条流畅,人物形神兼备,在两边雪白墙壁的衬托下,显得更加生动醒目。万卷堂意为主人是书香门第,家藏图书万卷。此堂又称积善堂,共五间,是主人办事与接待宾客之处。堂内家具、摆设古朴淡雅,整洁有序,不求华丽,充满庄重之风。厅内正中有一幅古松字画,画中古松虬枝苍劲,两旁的对联是:"紫冉夜湿千山雨,铁甲春生万壑雷。"对联为有名书画家张辛稼所书,歌颂松树的不畏严寒、挺拔不屈,也是主人志如苍松、高风亮节人格追求的写照。字画上方是文征明所题"万卷堂"匾额。万卷堂后是撷秀楼,"撷秀"为收取秀色之意,该楼为两层,是主人日常起居和内眷燕集之所。厅内匾额"撷秀楼"是晚晴俞樾所写。古苏州城内建筑物普遍较矮,登上撷秀楼可近观园景,远看山光塔影。撷秀楼西侧和中部主园相通,后面通向小花园。花园内湖石叠就的假山,错落有致,颇有章法,虽由人力,状若自然。园东北角的梯云室,原为主人子女的居住之所,室外假山,依墙堆就,看似随意,实则颇有用心之处。山石中栽种的树木是精心挑选的,点缀恰当,而且种类不一样,树叶颜色各有不同,在屋墙的映衬下,宛如一幅幅构图优美的图画。

图126 网师园梯云室庭院

整个住宅区布局合理,建筑设置讲究尊卑有序,从大门而内,地势渐渐升高,前面的院落以万卷堂为尊,风格庄重,后面的生活区相对随意、形式自由。

园林景观营造离不开山、水要素,空间布局或以山为主,或以水为主,也可能山水均衡,平分秋色。网师园是在宅旁的平地造园,真山难得,只能叠造假山。住宅西侧的主园是以水为主布局的,中间的彩霞池是景观营建的中心,环池四周布置亭、廊、轩、阁等建筑,另有假山、石矶、小桥、花木点缀成景。彩霞池水面虽然不大,周围环列建筑不少,但由于理水技艺高超,并没有拥塞之感,以小尺度体现出了河、湖、溪、涧、泉、瀑等景象。园林无水不活,理水要能够艺术地再现水在大自然中的天然形态,切忌呆板、僵化。彩霞池约半亩,水面聚而不分。为了突出水面平波浩渺的开阔,水池中间不设小岛,体量大的建筑或隐于山石之后,或远离池岸。池面虽近方形,但池岸低矮,用黄石堆砌出曲折错落的形状,沿岸形成许多洞壑水口,池水漫流其中,水源似乎从池边石岸下流出,源源不断。池的东南角和西北角各有一水湾引出,形成两条水涧,扩大了水面,使水池的形态更接近自然,更为幽深。掩、隔、破的理水手法在彩霞池造景中都有体现,月到风来亭、曲廊等临水的建筑和树木、花草将曲折的池岸遮掩,亭、台、廊、阁等前部突出水面,底部虚空,水似乎从建筑物和草木中汩汩而出,造成水面无边的感觉,引出池水盘山越涧滚滚而来的想象。池水东南和西北伸出的两条水涧上,分别有小石拱桥引静桥和平板曲桥横渡水面,既形成精巧别致的桥景,又将水面空间隔开。两座桥只在水池角落,不影响整体水面的开阔,又丰富了水面空间,穿桥而过的池水顿然有了生意。岸边石矶突破水面,游人可临水休息、观鱼戏水。景观环绕的彩霞池犹如一面镜子,将蓝天白云、长廊曲桥、绿树粉墙都映入池中,融为一体,时光流转,景色变幻,可寓无形于有形,以有限造无限。

环池游园,处处有景。从轿厅西侧上书"网师小筑"的小门入园,穿曲廊

图127　月到风来亭和彩霞池局部

图128　网师园濯缨水阁

来到池南的小山丛桂轩，轩为四面厅式，门窗开敞，并绕以回廊，轩中观赏，美景无数，有"四面有山皆入画，一年无日不看花"的美誉。小轩北面正中有一正方形大窗，窗对黄石假山云冈，小轩如在深山幽谷中。云冈是园中的山景，由黄石堆成，计成说黄石"其质坚，不入斧凿，其文古拙。……俗人只知顽劣，而不知奇妙也"[1]。黄石坚硬，棱角分明，纹理近乎垂直，不易改变天然形状，但用它堆就的假山浑厚挺拔，粗犷有力，云冈即是。云冈环山有石径，后面有蹬道可攀山。山上有树木花草装点。小山丛桂轩向西南循廊可至蹈和馆，此馆面东，共三间，东、南、北三面开花窗可观景，东面花窗落地，视野开阔，纳景丰富。蹈和馆南面是琴室，琴室为一歇山式半亭，坐落于一别致小院内，院南有嵌壁湖石假山，院落幽深清静，是园主人抚琴作曲的处所。

图129　网师园竹外一枝轩

云冈西面有一临水小阁，名濯缨水阁。水阁面阔一间，坐南面北，屋顶为单檐卷棚歇山式，线条柔和，垂脊末端高高上扬翘起，舒展自如，灵动轻盈，有跃跃欲飞之势。水阁四面有窗，临水的一面设有长脚寿字扶手栏杆。阁下基座用石梁架空，池水自由出入，身在阁中，如在水上，可乘凉、观鱼，也可作为戏台，临水演出，别有风味。水阁西有短廊与一条南北长廊相通，此廊在彩霞池西岸，随地势蜿蜒起伏，是名爬山廊，廊内壁间有砖额书"樵风径"。廊为单面空廊，临池一面开敞，另一面壁上有漏窗。沿廊北行，有一亭与廊相连，这便是有名的月到风来亭。亭为六角攒尖顶式，三面临水，一面

①计成：《园冶》，北京：中华书局，2011年版，第192页。

图130　看松读画轩南面的门

依廊。亭子的基座由黄石从水底堆砌,高出水面两米多,石墩之间形成水洞,如同深潭,增加了亭子的奇险色彩。亭内设有鹅颈靠,可供人们憩息赏景。中秋赏月,此处最佳。

月到风来亭对面是池东岸的射鸭廊。射鸭廊南面连接半亭,北面和竹外一枝轩相通。半亭东依撷秀楼外墙,西临碧波。亭、廊、轩似断实连,各具特色。竹外一枝轩在彩霞池东北角,坐北面南,为敞轩形式,开阔通透。轩北青砖粉墙上留有月洞门,洞门两侧各有一矩形空窗,西面墙上有一八角形空窗。轩南临水开敞,只有立柱几根,不设门窗,临水有长长的靠栏,可凭栏驻足、倚坐小憩。竹外一枝轩的后面是集虚斋。关于园林中的称"斋"的建筑,计成《园冶》中说:"斋较堂,惟气藏而致敛,有使人肃然斋敬之意。盖藏修密处之地,故式不宜敞显。"[1]由此可知,这里应是园主修身养性、读书的地方,要偏僻幽静,不宜开敞。集虚斋面阔三间,室内陈设雅致,斋堂上面有楼,可登临远观。站在斋堂前的小天井内,透过竹外一枝轩的月洞门向南看去,可以看到对面的云冈假山等景点,宛如一幅精心构思而成的山水风景画。集虚斋东边和撷秀楼北面的五峰书屋院落相通,五峰书屋为两层楼宇,是园主人读书、藏书的地方,院内有假山,树木花卉点缀其间,环境清幽安静。总之,这组坐落于彩霞池东北角的建筑群,形制多样,高低错落有致,布

①计成:《园冶》,北京:中华书局,2011年版,第80页。

局紧凑。从竹外一枝轩向右行,不几步,便来到了位于彩霞池西北的看松读画轩,此轩远离池岸,面阔四间,三面都有雕花精美的半窗,向南一面仅以数根廊柱支撑,柱间安设十几个雕花门扇,每个门扇上部分设有三个方形空格,周边有镂空花样装饰,轩内采光纳景都很好。人在轩中,环视四面,窗格门格所框美景皆成画,"读画"即是读景。彩霞池东岸靠近住宅厅堂外墙,大片的山墙暴露,容易产生僵化、呆板、俗气的感觉,如不藏拙,就会破坏园景。但是,园林设计者采用了很成功的构景方法,靠墙布置几块山石并以花木点缀,运用了计成所说"以粉壁为纸,以石为绘画"①的巧妙技法。另外,射鸭廊半亭、假山、草木沿岸依墙布置得宜,再加上厅堂屋脊弯曲柔和的线条和白墙上的雕花小窗装饰,从对面月到风来亭看去,白墙衬底,刚柔相济,一座半亭、几块山石、几丛花木,俨然一幅水墨写意画卷,实为不错的景观。

图131　月到风来亭对景(射鸭廊半亭、宅院厅堂外墙等)

从读松看画轩前池上的平板曲桥向西行,可以看到写有"潭西渔隐"的一座小门。穿过小门,便进入网师园的内园殿春簃院落。整个小院占地不到一亩,以石铺地,图案花纹状若渔网,与东边后花园的铺地一样,凸显园林"渔隐"的构意。此院是一处书房庭院,为园主人子女读书处。院南的主体建筑殿春簃坐北朝南,共三间,西边有小屋相从。殿春簃是仿明式结构,屋顶为卷棚式,正面门两侧有半窗,北墙开有三个长方形大窗,用红木镶边,屋后有天井,天井内的湖石奇峰、翠竹、芭蕉、蜡梅等都能透窗成景。屋前有石板平台,以低低的石栏相围。小院西南一隅,有清泉一眼,名"涵碧",与主园

①计成:《园冶》,北京:中华书局,2011年版,第164页。

园林建筑巧营构
YUANLIN JIANZHU QIAO YINGGOU

图132　网师园殿春簃小院

大池有水脉相通,因有"源头活水"而顿然富有生意。泉北有一半亭,攒尖顶式样,亭名"冷泉",依小院西墙而筑,飞檐起翘颇为轻灵。亭中置放一块灵璧石,玲珑剔透,叩之铮铮有声。亭子空间开敞,只有立柱承重,南北设有靠座,是殿春簃庭院最高的观景处。

"主人无俗志,筑圃见文心"。文人园林要体现出主人高雅的审美情趣,摒弃世俗。何为俗? 何为雅? 文人有自己的标准,从沈复《浮生六记》谈到他对居所的要求可知一二,他说:

> 萧爽楼有四忌:谈官宦升迁,公廨时事,八股时文,看牌掷色,有犯必罚酒五斤;有四取:慷慨豪爽,风流蕴藉,落拓不羁,澄静缄默。长夏无事,考对为会。[①]

萧爽楼中所忌讳的是仕途经济、名缰利锁、无聊取乐等,就是文人认为恶俗的东西,没有个性,品位低下,而他们追求的是精神自由、个性舒张、吟诗赏花作对联的高雅境界。石崇在金谷园、王羲之在绍兴兰亭举行的文酒之会和雅集活动,说明了园林与诗、文的不解之缘,雅集吟咏的结果,就是《金谷诗序》《兰亭集序》及相关作品的千古传诵,他们的行为也成为后世文人效仿的对象。文人退而筑园,就是要营造一个远离世俗,能够进行读书写字、吟诗作画、弹琴赏花的诗意空间。

网师园因文成景、融诗入景,是充满"书卷气"的雅趣空间。园中景观,

①沈复:《浮生六记》,林语堂、吴言生校点,西安:西安出版社,1995年版,第30页。

图133 网师园冷泉亭

处处有文、有诗。精美砖雕门上的"藻耀高翔",不由令人想起《文心雕龙·风骨》中的"藻耀而高翔,固文笔之鸣凤也"。引静桥南涧壁上的"槃涧"取《诗经·卫风·考槃》"考槃在涧,硕人之宽"之意。小山丛桂轩可证自庾信的"小山则丛桂留人"之句,传达出留客款待的意思。水阁以"濯缨"命名,浓缩了屈原《楚辞·渔夫》"沧浪之水清兮可以濯我缨,沧浪之水浊兮可以濯我足"的句意。蹈和馆名出自"履贞蹈和"一语,寄托和平安吉的愿望。月到风来亭名化用宋代邵雍诗句"月到天心处,风来水面时",点景恰如其分,游赏者细细品味自有会心之处。竹外一枝轩因苏轼"江头千树春欲暗,竹外一枝斜更

好"诗句而得名,并且根据诗境营造景观。射鸭廊得名于唐代诗人王建的"新教诗人唯射鸭,长随天子苑东游"的诗句。集虚斋来自于《庄子·人间世》"惟通集虚,虚者,心斋也"。五峰书屋关涉李白诗句"庐山东南五老峰,青天秀出金芙蓉"。殿春簃造景取名的依据是宋代邵雍的诗《芍药四首》之一:"一声啼鸩

图134 殿春簃芭蕉映窗

画楼东，魏紫姚黄扫地空。多谢花工怜寂寞，尚留芍药殿春风。"殿春簃庭院，根据诗意造景，可谓实至名归。涵碧泉取自朱熹的"一方水涵碧"的诗意。唐代张读《宣室志》中记载周生八月中秋以绳为梯，云中取月的故事："唐太和中，周生有道求，能梯云取月。"这就是后花园"梯云室"的来历，以此命名，寄托园主志存高远、超逸脱俗的意向。以诗命名成景的造园方式，赋予园林丰富的情感色彩和深厚的文化内涵，可以提升赏游的趣味，使园林的意境更加幽远，在这样一个诗景交织的空间内，看景就是读诗、品文。另外，园中的题额、楹联使园林充满了诗情画意和高超的艺术品位，也是此园高雅情趣的一种体现，游者赏玩品评，自会乐趣无穷。看松读画轩抱柱联曰：风风雨雨，暖暖寒寒，处处寻寻觅觅；莺莺燕燕，花花叶叶，卿卿暮暮朝朝。此联写尽了四时风物变化和人们寻幽觅芳的情怀，成为楹联中的佳作，流传很广，深受人们的喜爱。

网师园中的植物景观设计同样富有诗情画意，渗透着文人雅士的情思。庭前屋后山旁水畔挑选种植的各种花木，不仅对山石建筑景观起衬托作用，赋予园林生命活力和随四时节律变化的风景，营造城市山林的气氛，而且还能象征园主人的精神境界。花木习性各有不同，人们在长期的生活中根据其特点总结出了各自的象征意义，然后因地制宜、因时而异在园林中种植。网师园大门南植槐树两棵，象征门第的高贵。万卷堂前的庭院中植有白玉兰二株，堂后撷秀楼天井对植桂花，既有金玉满堂、荣华富贵的象征之意，又能在春来时欣赏玉兰满树盛放，秋到时期待金桂飘香，以不同的花

图135　看松读画轩前的松柏

木迎合季节变化。梯云室、五峰书屋、集虚斋这几处读书静修的庭院中,也随四时节律种植有海棠、石榴、蜡梅、翠竹、黑松、紫薇、山茶、玉兰、木瓜、红枫等花木。彩霞池岸边点缀有南迎春、络石等常绿披散性灌木,掩映水面,使水岸富有活力。小山丛桂轩前假山花池配置有桂花,与轩名相配。竹外一枝轩前横栽的黑松枝条盘曲,倒映池中,画面生动别致。看松读画轩前有苍松古柏,古柏相传为南宋时园主史正志亲手种植,已有900多年历史,松树为白皮松,据说也有200多年历史了。苍松古柏既有正义、长寿、高洁的寓意,又增添了建筑物的古雅色彩。殿春簃小院曾以种植芍药闻名,屋后较小的天井内植有翠竹、芭蕉等。天井后隙地无多,芭蕉映窗,是上好的选择。李渔说:"幽斋但有隙地,即宜种蕉。蕉能韵人而免俗,与竹同功……"[1]竹能使人免俗,尽人皆知,宅舍种竹,"能令俗人之舍,不转盼而成高士之庐"[2]。网师园内众多的树木花卉,姿态天然,株株入画,既成就了园林美景,也以其象征意义丰富了园林的人文精神内涵,提升了园林的审美趣味。

图136　竹外一枝轩题额

图137　万卷堂抱住联

图138　小山丛桂轩楹联

①李渔:《闲情偶寄》,杭州:浙江古籍出版社,1985年版,第271页。

②李渔:《闲情偶寄》,杭州:浙江古籍出版社,1985年版,第277页。

145

网师园委婉多趣、充满诗情画意的空间和小而精雅的风格,是历代园主巧妙营构的结果,凝结着各位园主人的审美情趣和精神追求。网师园的最早营建是在南宋淳熙初年,藏书家、官至礼部侍郎的史正志罢官退居姑苏,在此建万卷堂,对门造花圃,植牡丹五百株。造园之先,首在立意,史正志以"渔隐"为主旨构园,将自身比作"摇首出红尘"的渔夫,奠定了造园的基调。清乾隆时,光禄寺少卿宋宗元在已废的万卷堂故址营造别业,初名"网师小筑",后改称"网师园"。宋宗元所经营的网师园仍有"渔隐"的意蕴,钱大昕《网师园记》中说宋宗元"治别业为归老之计,因以网师自号,并颜其园,盖托于渔隐之意"。此时的网师园内已有"濯缨水阁""溪西小隐"等十二景。乾隆末年,瞿远村购得此园,叠石种木,新修亭台,巧妙布局,形成了网师园"地只数亩,而有迂回不尽之致;居虽近廛,而有云水相忘之乐"的风格。如今的网师园,基本遵循瞿氏造园格局。同治年间,园归李鸿裔,1917年,张作霖购园,赠予湖北将军张锡銮,词人叶恭绰、国画大师张大千兄弟曾在园中居住。园林易主,名称屡有改变,直到1940年,山西人何澄得园,遵从旧规整修,并恢复了网师园旧名。

　　游园不知园史,所知毕竟浅露。如究园史,有沈德潜《网师园图记》,钱大昕、达桂、褚廷璋同名作《网师园记》三篇,彭启丰《网师说》,冯浩《网师园序》,范广宪《网师园》等文可读,衔古通今,增识广闻,以备游园之需。

凭高远眺有楼阁

一、古代的高层建筑

楼阁是中国古代的高层建筑,宏伟壮观的体型与居高临下的姿态,使其在古建筑群中独树一帜。人们曾普遍认为,木结构的传统,决定了中国古代建筑大多比较低矮,只是"匍匐"于地上,向水平方向拓展,靠单体建筑物的组合形成宏大的规模,显示群体建筑的气魄,而不是由地面向高空发展。据说17世纪之后,看过中国房屋建筑的西方人,与自己国家的建筑比较,也认为"我们占领着空间,他们占据着地面"。

诚然,不论是建筑群的平均高度还是具有标高作用的单体建筑,古代城市都无法与高楼林立、建筑竞相比高的现代城市相媲美。但是,并不能由此断定,中国古代建筑没有向高空发展的做法。实际上,古人对建筑物如何向竖高方向发展、占据高层空间的努力由来已久,古代建筑物中也不乏相对体量较大、具有海拔高度的多层建筑物。一座古城中,巍峨的宫殿,壮观的楼台,拔地而起的佛塔、楼阁等,都是古代的高层建筑,是古代建筑中的"高个子"。

古代建筑竖向高度的获得离不开"高台"的作用,高大的台基是木结构建筑向高空发展的基础。高台建筑是我国古代建筑特有的形式之一,它既指一种利用高大的台基使建筑物取得一定高度的建筑手段,又指一种称作"台"的独立的建筑形式。从古代对"台"字的释义,可以了解它作为建筑的形制与特点。《说文解字》中说:"台,观,四方而高者……与室屋同意。"《尔雅·释宫》云:"四方而高曰台。"《释名·释宫室》载:"台,持也。言筑土竖高能自胜持也。"老子的《道德经》中说:"九层之台,起于累土。"综合这些解释和记述来看,"台"是用土夯筑成的方形的高耸的建筑物,顶部平整。高大平整的台可用来瞭望、宴客游玩、祭祀等。另外，台上又可建屋宇殿堂，台从而成为建筑物的台基，使得屋宇能够高高在上，形成俯瞰周围的气势。地面上的夯土高墩为"台"，台上的木构房屋称为台榭。

高台建筑的出现应该和人类早期的居住经验有关，早期先民逐水而居，常常选择高出地面的台地造屋，台地可以避水患、防野兽，具有安全、阳光充足、视野开阔等优点，是较为理想的居住地点。居住区域如果没有符合要求的自然台地，人们就夯土筑台，在上面建造房屋。在台基上建房，成为我国建筑较为普遍的形式，是我国建造高层建筑物的基本手段。从春秋战国到秦汉魏晋，宫室、宗庙中常用这样的高台建筑形式。"高台榭，美宫室，以鸣得意"，是史籍中对先秦时期宫殿的评论。

人们在高台上修建房屋，最初主要是由实用功能决定的，《墨子·辞过》中说："室高足以辟湿润"，看重的就是高台建筑的实用功能。不过，体量巨大的高台建筑，突出于周围一切的高度，可以使居于其上者获得开阔的视野，欣赏周围的景色，油然而生上与天接、高高在上、俯瞰一切的心理优势。高台建筑从而延伸出象征权力地位的政治功能和凭高远眺、抒情怀感的审美功能。根据考古发掘，我国夏、商、周三代的重要建筑遗址，大多都有高台，商、周时期，尤其是为统治者服务的高级别建筑，几乎都建在高台上，以高大华丽的外形，彰显拥有者的身份地位。统治者也不遗余力，大量耗费民力、财力，构筑高台，营建宫室。秦朝的阿房宫"覆压三百余里，隔离天日"，是规模空前的皇家高台建筑群。以后的历代都城中，都利用台基，将宫殿建得很高大。直到明清时期，紫禁城中的宫殿仍有汉白玉台座，都城内的重重门楼、角楼、钟鼓楼等，也沿袭着高台建筑的形制。

高台的出现很早，帝王苑囿中常筑高台以供游乐眺望，也可举行庆典、操练军队，甚至用于祭祀。《史记·殷本纪》记载商纣王筑有鹿台，"其大三里，高千尺"。殷纣王决定修筑鹿台，据说一则为固本积财，达到长期统治臣民的目的；二则为讨好妲己，营建游猎赏玩的处所。鹿台建造工程浩大，举全国财力，整整用了七年时间，这项浩大的工程才结束。豪华盖世的鹿台，也为商王朝敲响了丧钟，武王伐纣时，殷纣王登上鹿台，"蒙衣其珠玉宝石，自燔于火而死"。不过，作为游览观景建筑，鹿台风景优美，四周群峰耸立，绿树成荫，云雾缭绕，楼台若隐若现，宛如仙境。传说鹿台建成后，妲己常请"仙人"（狐妖）下凡，与纣王一起宴饮游乐，十分惬意。

周文王时建有灵台，《诗经·大雅·灵台》吟诵了文王规划修建灵台的过程:"经始灵台,经之营之。庶民攻之,不日成之。经始勿亟,庶民子来。"[1]文王是灵台的设计者、规划者,规划方案很完善,百姓出力一起兴建,很快就会成功完成。刚开始规划不要着急,百姓如子,都会赶来帮忙的。因为文王有德,百姓乐于归附,同样是工程浩大耗费民力的高台建设,却看不见纣王建鹿台时的民怨沸腾,而是君民同心、一片欢乐祥和。对于灵台建成后鸢飞鱼跃、钟鼓和鸣的游乐场景,诗中用大量的笔墨来描绘。灵台周围还有引注沣水修成的灵沼、灵囿,用来蓄养鱼龟鸟兽。据史料记载,灵台是一个多功能的场所,用来观察气候、制定历法、教化民众、战争动员、进行占卜、举行庆典、会盟诸侯等。朱熹在《毛诗正义》中对此台的作用是这样注解的:"国之有台,所以望氛祲,察灾祥,时游观,节劳佚也。"

春秋战国至秦汉魏晋时期,筑台之风流行。秦朝的宫殿,很多就是高台建筑。春秋战国时,各诸侯国都竞相建台,相互攀比,以高台来显示国力的强盛。魏国的文台、韩国的鸿台、楚国的章华台等,都是历史上著名的台。楚国的章华台是四台相连、规模宏大的建筑群,最大的一个台分为三层,高度达30多米。这座台在当时很有名,也被称作"三休台",据说游览者登临时,需要休息三次,才能到达台顶,故名。吴王夫差所造的姑苏台依山就势,非常华美,上有许多宫殿,是帝王游玩享乐的人间仙境。秦汉时,神仙方术之学盛行,帝王们渴望得道成仙,想借高台来实现与神仙交流和飞升的幻想,因而修建了大量的高台楼阁,追求接近上天的楼居生活,想借此招徕神仙下凡,达到和神仙交游的目的。

汉代的高层建筑除了台,还有观。"观者,于上观望也。"汉武帝和秦始皇一样,相信神仙,他听信了公孙卿"仙人好楼居"的话,在长安宫殿中造了不少高大巍峨的观。在上林苑中,周围300里高耸的台观更多,神明台、眺瞻台、望鹄台、桂台、避风台等都矗立在上林苑中。

汉朝的楼台高观,对后世的建筑影响很大。三国时,曹操在邺城兴建都城,修了不少台,广为世人所知的是"铜雀三台":铜雀台、金凤台和冰井台,史书中称为"邺三台"。此三台是古邺城的标志性建筑,从南到北依次是金凤台、铜雀台、冰井台。铜雀台为三台中的主台,台高10丈,台上建五层楼,有屋百余间,离地共有27丈,约为63米。楼顶设有铜雀高1.5丈,张翅欲飞,神态逼真。此台是曹操与文武群臣宴饮赋诗、歌舞游乐的场所,台修成后,曹操在此大宴文武群臣,表达自己平定四海以成帝业的豪气与决心。也有一说,认为曹操修建此台主要是为了广搜天下美女,以供自己享乐,"铜雀春

①程俊英、蒋见元:《诗经注析》,北京:中华书局,1991年版,第788页。

深锁二乔"的典故即与此说有关。《三国演义》中诸葛亮想出让曹操退兵的计策,他对周瑜说:

> 亮居隆中时,即闻操于漳河新造一台,名曰铜雀,极其壮丽,广选天下美女以实其中。操本好色之徒,久闻江东乔公有二女,长曰大乔,次曰小乔,有沉鱼落雁之容,闭月羞花之貌。操曾发誓曰:"吾一愿扫平四海,以成帝业;一愿得江东二乔,置之铜雀台,以乐晚年,虽死无恨矣。"今虽引百万之众,虎视江南,其实为此二女,称心满意,必班师矣。①

图139　登封观象台

不管修台是为了彰显帝王的雄心壮志、震慑邻国,还是储养美女以供享乐,曹魏时期帝王喜好高台毫无疑问,他们甚至有过修中天之台的想法。

古人崇拜上天、山岳、渴望成仙、羽化,因而热衷于修高台,在高高筑起的台上修建楼阁亭榭,通过竖高的建筑将自己置身于天地之间。先民认为,天地之间充满神灵之气,筑台可以接近上天,通神、望气、观天象。汉代上林苑的神明台上面就安排了一百名道士,主要负责与天上的神灵沟通。基于台上"望云气""观云物"的行为,到了汉代,出现了专门的观象台、观星楼,长安城曾修建过一座灵台,主要是进行天文观测活动,张衡所造的浑天仪就存放在台上。古代观天象,虽然带有巫术色彩,但是在神秘主义的外衣下却包含着科学的内核,一批批古代杰出的天文学家在观象台上进行着对浩渺宇宙和星空的探索活动。

从古代高台嫁女、婚配的习俗也能够看出人们用台来沟通人神的神秘观念。《北史·高车传》有这样一个故事:

> 匈奴单于生二女,姿容甚美,国人皆以为神。单于曰:"吾有此女,

①罗贯中:《三国演义》,北京:人民文学出版社,1953年版,第365页。

安可配人？将以为天。"乃于国北无人之地筑高台，置二女其上曰："请天自迎之。"经三年，其母欲迎之。单于曰："不可，未彻之间耳。"复一年，乃有一老狼，昼夜守台嗥呼，因穿台下为空穴，经时不去。其小女曰："吾父处我于此，欲以与天，而今狼来，或是神物，天使之然。"将下就之。其姊大惊曰："此是畜生，无乃辱父母？"妹不从，下为狼妻而产子。[1]

其他史籍中也有对高台嫁女风俗的记载。在先民看来，婚姻是神圣的事，要由上天来决定，将女子置于高台之上，缩小了人与上天的距离，祈求上天准许她们的婚配。后来女子从高楼上抛绣球招婿的方式也许和古代高台嫁女的习俗相关，不过，这种婚嫁方式中的神秘性已经消退了。

古代人们在高台上进行着各种各样的活动，通神、祭祀、与天对话、观天象等，是带有原始宗教仪式和神秘色彩的行为。人们还在高台上进行游乐、宴客、观景、赋诗等活动，高台活动的神秘色彩被世俗行为渐渐冲淡而消退。尤其是当人们远离地面登上高台时，身心暂时超脱俗务，获得了俯瞰一切的视点，四方景物尽收眼底，视通万里，心游四海，悠然生发出历史、人生之叹，于是高台建筑和古人的审美活动联系起来。正如曹植在《铜雀台赋》中所写，登上高台，可以"俯皇都之宏丽兮，瞰云霞之浮动……同天地之规量兮，齐日月之辉光"。凭高远眺成为古代中国人，尤其是文人知识分子特有的一种审美趣味，一代代的文人登高赋诗、吟咏抒怀，留下了不少脍炙人口的名篇。"前不见古人，后不见来者，念天地之悠悠，独怆然而涕下"，这是唐代陈子昂登上幽州台后所发出的咏叹，表达了冠绝今古的孤独感和忧思。

古代早期的高台建筑实际上是一种土木混合结构的建筑，一般先夯筑体积巨大的土台，逐层内收，形成阶梯形的样子，上面平顶，然后用木材在土台上面盖房子，层层叠叠，可以修得很高。除了利用高台的建筑之外，还有脱离高台，平地起屋层层相加形成高层的楼阁。木结构的成熟，可以完成屋上架屋的设计，屋上架屋，层层而上，自然比一般房屋要高。楼阁，简单说来就是将木结构房屋叠在一起。楼阁建筑的出现比高台建筑要晚，早期的楼阁也经常建在高台上，如此就会显得更加高峻挺拔。比如汉代的井干楼就建于神明台上，高约百米。楼阁进一步发展，到了隋唐以后，基本摆脱了夯土台，全部用木结构建成。另外，还出现了用砖石砌成或者砖木混合结构的楼阁。明清时期楼阁建筑有了向楼房建筑发展的趋势，为现代楼房的出现

凭高远眺有楼阁
PINGGAO YUANTIAO YOU LOUGE

①《北史》，北京：中华书局，1974年版，第3270页。

做了准备。东汉以后,佛教流行,佛塔吸收了中国楼阁的特点,也加入了我国高层建筑的行列。

图140　颐和园景明楼

二、湖光山色共一楼

楼与阁都是古代的多层建筑物,楼、阁本来是有区别的,《尔雅·释宫》中曰:"四方而高曰台,陕(狭)而修曲曰楼。"《说文解字》上说:"楼,重屋也。"从这些说法可知,楼来源于早期的高台建筑,与台有着密切的关系,是两层以上的建筑物。"台而兴者为楼,楼者,台上之建物也。"①楼继承了台追求高度和向上的特点,建筑形式比台更加完善。阁,最早的时候,不是建筑物的一种门类,而是指古代安在门上防止门闭合的长木桩,或者指用木板做成的搁置食物的工具,后来阁才发展为一种建筑物,指的是两层或多层的房屋,类似楼房,四周有隔扇或者栏杆。《中国大百科全书》中说:"楼与阁在早期是有所区别的。楼是指重屋,是指下部架空、底层高悬的建筑。"楼,就是屋上架屋,而阁最大的特点则是底部悬空,其上建屋,也形成多层建筑。楼阁形制的差别与其来源有关,楼来源于北方的高台建筑,而阁是南方干栏式建筑的发展。后来,楼阁互通,不再严格区分,唐宋以降,楼阁合二为一,成为两层或两层以上建筑物的一种通称。

中国古人喜欢修建楼阁,形态各异的楼阁矗立在市井之中、园林之内,

①乐嘉藻:《中国建筑史》,北京:团结出版社,2005年版,第13页。

高山之巅、大河之滨,地域分布很广。无论皇家贵族、宗教门派还是州官县府,都把楼阁看作神圣、尊贵或威严的象征。楼阁修建的最初目的也各不相同,或镇妖除魔,或修仙求神,或宣扬政绩,或改变风水、振兴文运,或纪念大事、名人,或登高游赏,或用于军事防御,或用于藏收书经……依据功能作用的不同,楼阁可以分为宗教楼阁、文化楼阁、军事楼阁、游赏性楼阁、居住性楼阁等。在众多的楼阁中,用于登高观景、赏游的楼阁很多。望海楼、见山楼、得月楼、烟雨楼、多景楼、四望楼、大观楼、吸江阁、夕照阁等,从楼阁的命名中,即可看出其作为游观建筑的性质。有人强调楼阁观景的作用,曾说:"思于远眺之时,不受炎日与风雨之来袭。"[1]即便是由于其他目的而建的楼阁,随着时间的推移,最初的作用也已慢慢失去,从而成为点缀风景或供人们登高远望的游观建筑。

楼阁四面开敞、层层走廊环绕、内外空间连通的特殊形制,适合人们登高远眺。"欲穷千里目,更上一层楼。"高耸的楼阁为喜爱登高远眺的人们,提供了很好的视点。正如叶朗所说:"园林中一切楼、台、亭、阁的建筑,都是为了使游览者可以'仰观''俯察''远望',从而丰富游览者对于空间美的感受。"[2]登高远眺、游情抒怀从而成为中国古人的一种审美习惯。对于楼阁建筑吸收大空间中景物的作用,叶朗说:"通过这些建筑物,通过门窗,欣赏到外界无限空间中的自然景物。""这些建筑物的价值在于把自然界的风、雨、日、月、山、水引到游览者的面前来欣赏。"[3]苏轼有句诗:"赖有高楼能聚远,一时收拾与闲人",说的也是楼阁供人登临远望的审美作用。

楼阁常常成为文人雅士、达官贵人汇聚的场所,许多名篇佳作就在低吟浅唱中产生,楼阁也因为名人名作而传扬天下。崔颢的《黄鹤楼》、范仲淹的《岳阳楼记》、王勃的《滕王阁序》等名篇的传唱,使得江南三大名楼黄鹤楼、岳阳楼、滕王阁获得盛名。结构精巧、造型优美的楼阁坐落于城头、市井、水边、山巅,与周围的环境相辅相成、自然和谐,楼阁本身也成为被人观赏的风景。风景名胜区的楼阁不用多说,即便是城楼,也能点缀城市风景,形成不错的景观。有人说:"城楼因楼建筑在城墙上,在古代的城市中城楼自然就是城市中最高的高层建筑。它们构成城市的主要天际线(skyline),刻画整个城市的轮廓,成为最强烈和最主要的景色,给人留下来的自然就是极为深刻

①乐嘉藻:《中国建筑史》,北京:团结出版社,2005年版,第13页。

②叶朗:《中国美学史大纲》,上海:上海人民出版社,第445页。

③叶朗:《中国美学史大纲》,上海:上海人民出版社,第445-446页。

的印象了。"①因此,除了风景名胜区的楼阁,古代文人雅士还常常登临城楼游赏,张九龄的《登荆州城楼》、骆宾王的《在军中登城楼》、杜甫的《登兖州城楼》、李商隐的《安定城楼》、罗隐的《登夏州城楼》等诗篇,都是诗人们登临城楼、诗兴大发而留下的。

　　岳阳楼矗立在湖南岳阳市西门的城头上,面临洞庭湖,自古享有"洞庭天下水,岳阳天下楼"的盛誉。相传三国时东吴大将鲁肃率兵驻守此地,扩建城池,在西门城墙上建了阅军楼,这是岳阳楼最早的原型。两晋、南北朝时期改称"巴陵城楼"。唐时,中书令张说贬官驻守岳阳,修葺楼台并正式定名为"岳阳楼"。北宋庆历五年(公元1045年)滕子京重修岳阳楼,并请范仲淹作《岳阳楼记》,楼名更是广为传扬。现存的岳阳楼承袭清光绪五年(公元1879年)重建后的形制,楼三层三檐,高近20米,平面呈长方形,全木结构,周围环以明廊。楼内有贯通三层的四根楠木大柱承重,层层檐角高翘,宛如大鹏展翅欲飞。最为独特的是楼顶,采用盔顶式,顶上四条斜脊屈曲变化,线条柔和流畅,再加上高耸的宝顶,喻为将军头盔,可谓形肖神似。楼前两侧分别为三醉亭和仙梅亭,作为主楼的陪衬。

图141　岳阳楼

　　雄踞城头之上,俯瞰烟波浩渺的八百里洞庭,岳阳楼的美景吸引了无数人来此观光。唐代文人已有登临岳阳楼赋诗的传统,中书令张说在岳州时,常邀文人登楼赋诗。后来,张九龄、杜甫、李白、孟浩然、韩愈、白居易、刘禹

　　①李允鉌:《华夏意匠》,天津:天津大学出版社,2005年,第348页。

锡、李商隐、范仲淹、谢时臣等名家云集,登览胜境,吟诗、撰文、作画,岳阳楼和八百里洞庭的美被充分发掘、诠释,作为动人的艺术形象,留在了名篇佳作中。关于登临岳阳楼眺望的景观,范仲淹在《岳阳楼记》中写道:"衔远山,吞长江,浩浩汤汤,横无际涯;朝晖夕阴,气象万千。此则岳阳楼之大观也。"历代文人多被岳阳楼的自然景观所吸引,其实,城头之上的岳阳楼,面临洞庭,紧靠市井,居高临下、滨水近城的楼址选择,将市井风物与自然景观吸纳于一楼之中。登临其上者,远眺可欣赏湖光山色,宠辱偕忘,超凡脱俗;回望又见市井繁华,热闹历历在目,可谓坐观万景,别有趣味。

图142　宋代界画中的黄鹤楼

　　享有"天下江山第一楼"美誉的黄鹤楼,巍然屹立于湖北武昌长江南岸的蛇山上。三国时东吴将其作为军事上的望楼而建,晋灭东吴后,黄鹤楼失去了军事上的价值,但是,濒临万里长江、雄踞蛇山之巅,得天独厚的位置,使黄鹤楼自然演变为官商旅人登临游览的场所,文人墨客会友宴客、吟诗赏景的胜地。著名诗人崔颢、李白、王维、孟浩然、顾况、韩愈、刘禹锡、白居易、杜牧、贾岛、陆游等都曾登临赋诗,留下了不少名篇佳句和趣闻轶事。"昔人已乘黄鹤去,此地空余黄鹤楼。黄鹤一去不复返,白云千载空悠悠。晴川历历汉阳树,芳草萋萋鹦鹉洲。日暮乡关何处是,烟波江上使人愁。"诗人崔颢写的七律《黄鹤楼》是千古流传的佳作,曾使登楼赏景、诗兴大发的李白发出"眼前有景道不得,崔颢题诗在上头"的感叹。崔颢题诗,李白搁笔,使得黄鹤楼名气大盛。历代名人留下的大量诗作、楹联、碑记、文章、画作,丰富了黄鹤楼的文化内涵。"对江楼阁参天立，全楚山河缩地来"的楹联，写出了黄鹤楼气吞云梦、帘卷乾坤的气势。登楼凭栏，举目四望，万里长江滚滚而去，江面上千帆相竞，城内楼宇森森、车水马龙，武汉三镇风光一览无余，"江山无限景，都聚一楼中"，万古绝唱黄鹤楼，不是虚言！

千余年的岁月中，黄鹤楼屡毁屡建，建筑形制也各不相同。唐代的黄鹤楼是一座建在武昌古城墙上的角楼，到了唐朝后期，武昌城墙向外扩展，黄鹤楼脱离城墙，成为独立的楼阁。从画中看，宋代的黄鹤楼建在城墙高台之上，是一座由楼、台、轩、廊组成的建筑群。高台中央的主楼为两层，平面方形，体量高大，屋顶为十字脊式，制式华丽。主楼四周环以配楼、曲廊。整座建筑结构较为复杂，但主次突出、错落有致。建筑临窗有座，可供人憩息宴饮、游乐赏景。元代画中的黄鹤楼其屋顶形制等与宋楼相差无几，只是楼前有了专门赏景的平台。以后，黄鹤楼多次重修后，形状有了很大的变化。明代黄鹤楼四毁四建，楼也越修越高。清朝同治、光绪年间，黄鹤楼已变为三层三檐的亭楼式建筑，平面为折角十字，总高32米。1985年完工的黄鹤楼以钢筋混凝土仿木结构修建，基本仿照清楼的式样，层数增加到五层，有5米高的葫芦形宝顶，楼高51米，雄奇壮丽，令人叹为观止。新楼位置也有所变动，距被长江大桥占去的旧楼址约1公里。

图143　1985年重修后的黄鹤楼

滕王阁在江西南昌赣江东岸,背城面水,为江南胜迹,被誉为"西江第一楼"。公元653年,唐高祖李渊之子李元婴任洪州都督时创建,由于李元婴在贞观年间曾被封为滕王,阁于是被命名为"滕王阁"。此阁因王勃的《滕王阁序》而名贯古今,"落霞与孤鹜齐飞,秋水共长天一色"的名句,使人们在吟咏之间,不由艳羡其描写的雄奇景象。从初建至今的1300余年里重修重建达二十八次,光是清代重修就达十三次,每次修建的规模、形制屡有变迁。从宋画中,可以看到滕王阁形象:纵横两座二层楼阁丁字相交,建于高大的城台上。台下烟波浩渺,远山隐隐可见。每层楼都有外廊环绕,供人们登临眺望。现存滕王阁完工于1989年,是一座仿宋式楼阁,楼体由钢筋混凝土建成。下部是象征城墙的高台,分为两层,台上的主楼采用"明三暗七"的格式,外面看是三层,里面实际是七层,加上高台共为九层,高57.5米。明层的外围都有回廊,南北有"压江""挹翠"两座配亭,通过回廊与主楼相连。整座建筑结构精巧,造型华美,临江而立,雄伟壮观。

图144　宋画《滕王阁图》

　　宋代王安国的《滕王阁感怀》诗云:"滕王平日好追游,高阁巍然枕碧流。胜地几经兴废事,夕阳遍照古今愁。城中树密千家市,天际人归一叶舟。极目烟波吟不尽,西山重叠乱云浮。"诗中写了滕王阁修建的缘起、历史、作用及登临眺望所得的城市、自然景观。李元婴最初修建滕王阁,将其作为歌舞娱乐之地,是达官贵人们四时节庆品茶饮酒、听琴观画、赏景游乐的场所。不过，在古人眼中，滕王阁的作用远不止这些，它还曾被作为聚集天地灵气、吸收日月精华的风水建筑。古俗认为，人口聚集之地，需要风水建筑，这些风水建筑一般是当地最高的标志性建筑，能够锁住福气，不使人才、宝藏流失，以求聚居之地繁荣昌盛。古人"求财万寿宫，求福滕王阁"的说法，似可解释历代念念不忘、不断重修滕王阁的秘密。另外，滕王阁也曾是古代的"图书馆"，是储藏经史典籍的地方。"襟三江而带五湖，控蛮荆而引瓯越"的地理优势、四时相宜的自然风光及丰富的人文景观，使得滕王阁自然成为名人荟萃之地。历代达官贵人、文人墨客在此宴会送别、歌舞欢庆、赏景赋诗。王勃、张九龄、白居易、杜牧、苏轼、王安石、朱熹、黄庭坚、辛弃疾、李清照、文天祥、汤显祖等文化大家们留下不计其数的美文佳作。登上滕王阁，漫步回廊，极目眺望，江水滔滔，山峦叠翠，城中高楼林立，桥如虹，路如带，人如流，一派市井繁华景象，真是"危楼百尺倚栏杆，满目江山不厌看"。

图145　1989年修成的滕王阁

我国的名楼还有很多：镇江北固山的"多景楼"、云南昆明的"大观楼"、山东烟台的"蓬莱阁"、广西容县境内的"真武阁"、贵州贵阳的"甲秀楼"、安徽马鞍山的"太白楼"、浙江嘉兴的"烟雨楼"、广州越秀山上的"镇海楼"、四川成都的"望江楼"、山西永济的"鹳雀楼"等等。历史上诸多名楼杰阁，都有文人雅士、名流大家的诗文为其增色，诗文名篇的流传，扩大了楼阁的影响，丰富了楼阁的文化内涵,使它们作为艺术形象广为人知,同时,也使人们在千余年中不断重建,这些楼阁因而获得了不朽的生命力。不过,想来还有许多曾经矗立于城市、园林、山水之间的楼阁,没有得遇名人大家光顾吟诵,随着它们历史使命的完成,便默默无闻地消失了。也有很多楼阁,默默矗立,几经兴废,虽没有名扬天下,却记录着一个地方的沧桑巨变,承载着一座城市的文化记忆,成为一方百姓心目中无可替代的人文景观,供人们登高揽胜,追思怀古。

图146　兰州皋兰上的三台阁

三、声闻四达钟鼓楼

钟鼓楼也是古代城市中的楼阁式建筑,具有鲜明的特色和深厚的文化内涵,没有钟鼓楼的古城,必然缺少一种文化韵味。钟鼓楼是用于报时、报警的建筑,也是古代礼制建筑。皇宫内、城墙上、佛寺道观中,城市的中心地带都能找到钟鼓楼的身影。我国古代究竟有多少钟鼓楼,尚无确切数字。不过,钟鼓楼分布较广,王城皇都,像北京、西安、南京等大规模的城市都建有钟鼓楼,很多地方城市包括县城,甚至一些乡村都有钟鼓楼。

钟鼓楼建筑的形成源于古代的钟、鼓文化。钟、鼓在古人的生活中出现很早,传说在炎帝、黄帝时就开始铸钟,从考古出土文物来看,已经发掘出了距今6000至5000年前的细泥红陶制成的钟,这是人们见到的最为古老的钟的样子,是钟的雏形。夏商周时,铜钟的铸造技术飞速发展,出现了大量的

159

青铜钟。鼓的出现与人类模仿打雷的声音有关,传说远古时代黄帝得到怪兽夔,"以其皮为鼓"。现在,能见到的最早的鼓是用鳄鱼皮蒙成的陶鼓,山西省襄汾县陶寺原始社会晚期遗址出土,距今已有上万年历史。后来,相继出现铜鼓、木鼓、石鼓等多种多样的鼓。

钟鼓声音浑厚响亮,表现力强,是最古老的乐器。鼓在古人的生活中有了广泛的使用,相应具有了多种功能。人类早期的狩猎活动中,钟鼓起到为人们壮胆,吓退野兽的作用。之后,钟鼓用在战场上,可以鼓舞士气和指挥军队行动,《左传·曹刿论战》中说:"一鼓作气,再而衰,三而竭。"在传统礼乐文化体系内,钟鼓自然被用作祭祀、宴飨娱乐时的礼器和乐器。钟鼓之乐是国家繁荣昌盛的象征,拥有礼器,成为权利、地位的象征,历代统治者在国家统一之后,很重视钟鼎的铸造,认为拥有钟鼎礼器,就是拥有权利、地位,富贵人家因而也被说成是"钟鸣鼎食之家"。佛教从异域传入我国的过程中,逐渐受到本土文化的影响,钟鼓与佛教发生关系,成为佛教寺院中不可缺少的法器。佛钟也称"梵钟",是法器,又是佛乐中的主体乐器,寺院中也用它来报时,僧侣生活与"晨钟暮鼓"紧密相连。尤其到了隋唐时期,佛钟在寺庙中更是普及,受到广大佛教徒的崇拜,被看作是与天界佛国沟通的法器,深沉、浑厚、绵长的钟声成为佛国的声音象征。

古代没有钟表,人们靠日晷和漏壶这种古老的计时方法掌握时间。但是要用相对精确的时间统一人们的行为,进行管理,只有日晷和漏壶是不够的。钟鼓不同寻常的声音,传响久远,令人警觉,使人感奋。因而,古代寺院、军队、城市中就用钟鼓来报时。以钟鼓声为信号,传递时间信息,约束个人的行为。钟鼓具体何时用于城市报时,不得而知。东汉崔寔《政论》中记载:"钟鸣漏尽,洛阳城中不得有行者",说明东汉时已实行宵禁,以钟声为信号表征时间,约束人们的行动。古人用更来计算晚间的时辰,一夜分为五更,即现在的两个小时为一更。每到定更时间,就有专人负责击鼓撞钟报时,二更到五更一般只撞钟不击鼓。入夜的定更和早上的亮更报时,则既要敲鼓又要撞钟,故有"晨钟暮鼓"之说。寺院中的"晨钟暮鼓"并不是早上敲钟、晚上击鼓,而是早晚都要敲钟击鼓,只不过,早晨是先敲钟后击鼓,晚上是先击鼓后敲钟而已。历代城市报时模式并不固定,东汉到魏晋南北朝时期,早晚采用"晨鼓暮钟"的模式报时。蔡邕的《独断》中说:"鼓以动众,钟以止众。夜漏尽,鼓鸣即起;昼漏尽,钟鸣则息。"唐代起改为"晨钟暮鼓"的报时模式。唐长安实行里坊制,每个里坊相对独立,有围墙,四面或两面设坊门,根据钟鼓报时的声音,早晚按时开启、关闭坊门或者宫门。早晨钟鸣开门,万户出行活动,夜晚鼓响关门,提醒人们回家,不要犯宵禁。唐代诗作中不乏对"晨钟暮鼓"的描写。李咸用的《山中》说:"朝钟暮鼓不到耳,明月孤云长挂情。"贾岛的《送皇甫侍御》写道:"晓钟催早朝,自是赴嘉诏。"另外,钟鼓的报警与通传功能,与报时功能在某种意义上是相通的,就是用来传递信息,让人们据此采取相应的行动。战国时的西门豹治邺时,就曾击鼓通报敌人进攻的信息,军队和百姓据此迅速集结起来,打退了敌人的进攻。钟鼓报时功能的广泛应用,催生了城市中钟鼓楼的出现。

图147　北京钟楼上的古钟

钟鼓楼从无到有、再到形成一定形制的发展过程,与钟鼓文化密切相关。秦朝时,宫殿中已使用钟鼓,《史记·秦始皇本纪》载:"秦每破诸侯……所得诸侯美人钟鼓,以充入之。"不过,专门为钟鼓而造的建筑似乎还没有出现。到了汉代,长安城的宫中有了专门悬挂钟的房屋,叫钟室。《史记·淮阴侯列传》中记载:"吕后使武士缚信,斩之长乐钟室。"吕雉杀死韩信的地方,正是长乐宫的钟室。说明在汉代,已经有了专门放置钟鼓的屋舍。三国曹魏邺城的宫城里,已建有钟楼和鼓楼,分布在前朝主殿文昌殿前的东、西两面,左钟右鼓排列。唐代长安宫城中太极宫和大明宫内都有钟楼和鼓楼。明代开始,宫城中不再建钟鼓楼,不过钟、鼓不能不用,紫禁城午门正门楼的东西两边设有钟鼓亭。宫中的钟鼓有报时、报警的作用,当皇帝举行朝会、祭祀等重大典礼时,还作为节制礼仪的司乐使用。

城市中的钟鼓楼主要用于报时、报警,通过钟鼓声节制、统一人们的行动,起到警示、提醒的作用。城市中的钟鼓楼目前所知起源于汉代,汉代城门上的谯楼与市场中央的市楼,其实质就是钟鼓楼。谯楼,建在古代城门上供人们居高临下远望观察四周,楼内一般有大钟,早晚撞击报时,有紧急敌情时,用来报警,向城内居民通传情况。谯楼也有建在城内或者城墙一隅的。市场中央的市楼在四川新繁出土的汉代画像砖《市场图》中可以见到,市场中央的楼上悬挂着大鼓,以鼓声作为市场开放和关闭的信号。魏晋南北朝,北魏的都城平城内已设有鼓楼,其后,在州府县城设鼓楼报时成为制度。宋代的《营造法式》中说:"鼓钟双阙,城之定制。"这说明钟楼和鼓楼相对相配、左右呼应的建筑定制在宋代已形成。

图148　西安鼓楼

城市中的钟鼓楼是全城的司时中心,大多建在城市的中心地带,道路四通八达的地方。体量巨大,位置居高的钟鼓楼,可以使钟鼓之声远播,从而影响百姓。据说,开封钟楼的声音在45公里之外还能听到,北京钟鼓楼的声音可以传到通州。位于城市中心、声闻四达的钟鼓楼是一座古城的标志性建筑。元朝时,钟楼就设在大都城的中心,元大都设有中心台,这里是城市东南西北的中心,鼓楼叫齐政楼,设在中心台稍东的地方,另在附近还设有钟楼。明初建都南京,南京城内的钟鼓楼修建在全城几何中心的一个高40米的黄土台地上,用来报京城时间,统一政令。明清时期是钟鼓楼建筑发展的鼎盛时期,从京城到地方,一座座高大挺拔、气势雄伟的钟鼓楼在神州大地上拔地而起,兼有报时、报警和礼仪等多方面的功能。明清北京城内的钟鼓楼修建在全城南北中轴线的北端,是中心地带中轴线建筑的结束。西安钟鼓楼也修于明代,在古城四大街的交汇点上,也属于全城的中心,符合钟鼓楼修建要"必于中城,四达之衢所"的要求。

　钟鼓楼的建筑形式脱胎于城台上的谯楼,一般下面有砖砌或石筑的台基,寺院中的有例外,台基高大厚实,足以撑高楼阁。台基之上为木构或砖石仿木构的楼阁、殿堂式建筑,大多为两层、三层,也有四层以上,甚至七八层的。一般底座台基都开辟有东西相通、南北相通或者四面通达的券门洞,券门额上有石刻的文人名流或者官员们的题词,楼阁上层飞檐下也会悬挂匾额,有些钟鼓楼的匾额两侧还有对联。这些题词、匾额和对联能够反映出钟鼓楼建筑的文化内涵和精神实质,突出四方通达、声闻远播、体量巨大的钟鼓楼报时与景观的功用。"声闻于天""文武盛地"是西安鼓楼的匾额。张掖钟鼓楼上的匾额在清代康熙年间重修后,东西南北四面分别改为"九重在望""万国咸宾""声教四达""湖山一览",四面匾额说尽了钟鼓楼镇远安边、一统教化、登高揽胜的功能与用途。酒泉钟鼓楼四面券门额上的题词分别是"东迎华岳""西达伊吾""南望祁连""北通沙漠",楼阁二层东西两面高悬"声震华夷""气壮雄关"的木制匾额。南京鼓楼二楼的大殿前有"鼓楼揽胜"的匾额,匾额两边有对联,上联是"闹市藏幽于无声处闻鼙鼓",下联为"高台揽胜乘有兴时瞰金陵"。对联虽为今人所题,不过也深解鼓楼内蕴,描画出了鼓楼清晰的面影。康熙首次南巡时,曾登临当时残存的明代鼓楼城台观景,将南京城龙盘虎踞的形式地貌尽收眼底。此后,地方官在此地树碑,重新建造了鼓楼。

图149　张掖钟鼓楼

北京现存的钟鼓楼是两座建筑,全城中轴线最北端的是钟楼,钟楼南面为鼓楼,两楼前后纵向排列,相距约百米。鼓楼建于明永乐年间,清嘉庆年

间进行过大规模的修缮。鼓楼台基为砖砌,高达4米,台基上面是一座五开间的木构殿堂,屋顶为重檐歇山顶式。由于台基与二层殿堂之间四围也修了屋檐,使得台基加上券门、屋檐,也像一座殿堂,外观上改变了钟鼓楼基座就像一个普通墩台的形象,使得整个建筑浑然一体,飞檐翼角,更加雄伟壮丽,显示出皇都鼓楼与其他地方鼓楼的不同寻常之处。鼓楼屋檐上覆盖灰色筒瓦,加油绿琉璃剪边,檐下四围饰有彩画,墙体为红色。基座南北正中各开有三座拱券门,中间券门大,两侧的小一些,东西各开拱券门一座。基座北墙内有旁门,里面有六十九级石阶梯,沿着石阶梯可以攀登到二楼。二层殿堂的四面均有方格门窗,殿外四周有一米多宽的廊连通,外围有木护栏。殿堂大厅内原来设更鼓二十五面和铜壶滴漏一座,用来计时、报时。铜壶滴漏现在已经不知所踪,更鼓中,其中一面是主鼓,其他二十四面鼓比主鼓小,代表一年的二十四个节气。更鼓中现仅存主鼓,不过已经伤痕累累,残破不堪了,鼓面上的刀痕是八国联军入侵时留下的。曾经早晚传响于周围胡同内的钟鼓声已经成为遥远的记忆,偶尔在年节或者表演的时候,还能听到钟鼓的声音。鼓楼总高46.7米,比钟楼矮一些。

图150　20世纪20年代的北京鼓楼

北京钟楼始建于元代,位于当时元大都万宁寺的中心阁,明代永乐年间在现址又建钟楼,清代乾隆年间重建。与红色彩饰、雕梁画栋的鼓楼不同,钟楼为青砖灰墙黑瓦,色彩较为朴素。钟楼有高低两层,通高47.9米,是一座无梁式砖石结构建筑,内部所有的梁、柱等构件,全用石料凿成。钟楼平面呈正方形,楼身的四边里面形制相同。底层为高大的砖石平台,台身上面有城垛,四面各开一券门,内部交叉成十字,中间形成边长6米的天井,东北角有一座登楼的小券门,内有石阶梯七十五级。沿着陡直的石阶可达二层,二层主楼为重檐歇山顶式,屋顶覆盖黑琉璃瓦绿剪边,下面有汉白玉须弥基座。主楼面阔三间,四面各开一座券门,券门左右两边对称开有券形石雕窗各一,周围有汉白玉石栏杆围护。主楼南面有台阶通往城台,供人们上下。钟楼设计的天井、声道等结构,能够起到共鸣、扩音、传声的功能,钟声从楼内传出,更加清亮悠扬,达到"都城内外,十有余里,莫不耸听"的效果。楼内陈列的铜钟铸于明永乐年间,重达63吨,是我国现存铸造最早、最重的古钟,堪称古代"钟王"。钟体全由响铜铸成,采用传统的泥范法,利用地坑造型,群炉熔铸,撞击时声音浑厚响亮,能够响彻百里。

图151　北京钟楼

图152　钟楼内陡直的石阶梯

西安钟鼓楼是著名的明代建筑,钟楼建于明洪武十七年(公元1384年),当时古城西安的纵横干道贯穿四面城门,在城中形成一个十字交叉点,钟楼正好坐落于这个交叉点上,位于全城的中心。后来扩建西安城后,钟楼位置偏向西面,明神宗万历十年(公元1582年),钟楼被移到现在的位置,仍然是古城四条大街的交汇点。钟楼下面为砖石结构的正方形基座,北面有双向踏步可登楼,砖基座四面各开一门洞,门洞通向四条大街。过去券门洞

165

是东南西北四条大街交会的通道,人流车辆从门洞中通过。基座上面是两层木结构楼体,方形平面,外面有回廊环绕,楼内有木梯可盘旋上楼。楼顶为重檐四角攒尖顶结构,覆盖绿色琉璃瓦。高耸于楼顶上的大圆顶高达5米,木心,外包铜皮,铜皮表面敷有金箔。整个宝顶金光闪闪,灿烂夺目。鼓楼比钟楼早建成四年,位于钟楼的西北角,与其相距不到半里路。鼓楼呈长方形,基座的南北正中辟有券洞门,基座之上的楼分为上、下两层,均为七开间,进深三间,四面有回廊,楼顶为重檐歇山顶。古代钟鼓楼内悬有钟、鼓向全城报时。

图153　西安钟楼

巍然耸立于各个城市的钟鼓楼,体形高大,屋檐起翘,居高临下,俯瞰里坊街区,在满足报时、报警功能外,同时也成为一座古城中的标志性建筑,形成古城中以钟鼓楼为中心的景观文化区,是古代社会生活中不可或缺的建筑设施。时过境迁,如今,楼内的钟、鼓已经不再朝夕鸣响,不再被用来统一、指挥人们的日常行为活动,而是作为历史的见证者、纪念物,陈列于钟鼓楼内,供人们观瞻。人们登临钟鼓楼,凭楼眺望,城市美景尽收眼底。偶尔被撞响的钟鼓声,幽远、浑厚,仿佛是穿越时空的遥远回声,回荡在现代城市的上空,令人对古代钟鼓楼所奏响的千年不绝的雄壮乐曲有了些许的体验。

四、宝塔层层入云中

塔在我国古代建筑类型中比较特殊,它与楼阁相似,但是体形比楼阁更加高耸,挺拔突兀、向上直入云天的形象具有特殊的艺术魅力。在辽阔的神州大地上,耸立着高低、大小不一,多姿多彩的古塔,山河塔影构成独特的景观。中国古塔形式多样,有楼阁式塔、密檐式塔、喇嘛塔、金刚宝座塔、缅式塔、单层方塔、花塔等。无论塔的形式如何变化,它们的原型最初是由印度传入的。

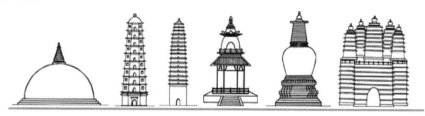

图154　佛塔图(依次为窣堵坡、楼阁式塔、密檐式塔、单层方塔、喇嘛塔、金刚宝座塔)

塔是印度佛教的建筑,用来掩埋佛骨。佛祖释迦牟尼圆寂后,弟子们将其遗体火化,烧出了许多晶莹透亮的舍利子。众弟子把这些舍利子奉去各地埋葬,以供信徒们膜拜。舍利子埋入地下,上面堆一座半圆形的土堆。早期的塔指的就是这半圆形的坟丘。塔在梵文中作 Stupa,音译为"窣堵坡",巴利文中为 Thūpo,音译"塔婆"。中国最初以佛陀的译音"浮屠""浮图"指代窣堵坡。完整的窣堵坡形态包括贴近地面的基坛、半圆形的覆钵及覆钵上面的刹顶,刹顶由平头和伞盖或者相轮组成。刹顶的下部与塔内的中心柱连在一起,象征着连接上下三界的"宇宙之柱"。

印度"窣堵坡"式样的塔伴随着佛教传入中国,流传的过程同时就是印度塔中国化的过程。受我国本土建筑和传统文化的影响,印度塔原来的形式产生了很大的变化。楼阁式塔,是印度"窣堵坡"和中国楼阁相结合而产生的。塔是佛教徒顶礼膜拜的纪念物,中国人认为应该具有高大、庄重的形象,因而,印度塔与汉代已有的高观楼阁结合,脱离了一层的半圆形土丘形式而向高空发展,变成下面是多层楼阁,楼阁顶上为刹顶的结构。楼阁式塔和密檐式塔是中国式塔的主要形式,中国建筑的木结构传统也融入了塔的修建中。有些塔是木结构为主,还有的是木结构与砖石结构结合。木结构的运用,使塔的修建设计更为灵活,造型更加美观好看,塔因而也具有了传统木结构建筑飞檐上举、斗拱交错的特点。四角翘伸、层层叠加的外檐,增添了塔向上的动感,也使塔的外形线条更具柔曲之美。

167

图155　印度最古老的窣堵坡(桑奇大塔)

　　楼阁式塔最为典型地体现了中国楼阁和印度窣堵坡的结合,此种塔将窣堵坡原型缩小,放置在塔顶上,下面的塔身为多层楼阁,每层都有屋檐。楼阁式塔有木构的,也有砖石结构和砖木混合结构的。山西应县木塔是我国现存最古老、最高的一座木构楼阁式佛塔,此塔位于应县县城西北角的佛宫寺院,在山门与佛殿之间的中轴线上。木塔建于辽清宁二年(公元1056年),距今已有900多年的历史。木塔平面为八角形,外观五层,总高67.31米,每层都有屋檐,底层扩出一周外廊,也有屋檐,因而形成重檐,共有六重屋檐。塔身犹如多层楼阁,每一层之间还有一个暗层,实际上塔为九层。各层由下而上逐级缩小内收,塔身虽粗壮硕大,仍然挺拔高峻,雄伟壮观。塔的结构采用内外双层环形木柱空间结构,每层里面的八根柱子围成八边形空间,外面的二十四根柱子围成每边三开间的大八边形,上下两层之间的暗层内,纵横交错的木构件将两层构架紧密套合在一起,层层相连,塔的内部结构十分稳定,如此,才成就了木塔近千年屹立不倒的奇迹。塔身的下面是分上下两层的高大台基,塔顶锐利的刹柱直刺云中,似乎与天相接。底层南北各开一门,二层以上每层都设有围护栏杆,塔内每层装有木质楼梯,人们逐级而上,可以攀登到顶端。

　　佛教传入中国不久的魏晋南北朝时期,木塔修建流行一时。公元495年北魏迁都洛阳后,在城里大建佛寺,佛寺最多时,达到一千三百所。这些寺中的塔多为方形的楼阁式木塔，其中最著名的要数洛阳永宁寺塔，据《洛阳伽蓝记》记载，永宁寺木塔高约300米，九层，四面，每层每面各有三门六窗。高大巍峨矗立在城内的木塔，百里之外都可以看到。300米的高度有点夸大其词，不过，根据考古发掘和推算，估计塔高100米是有可能的，这样的高度也足以成为木塔群中的佼佼者了。遗憾的是，这座历史上最高最大的木塔，在修建几十年后，于公元534年被大火烧毁。由于木材容易起火，木塔建筑极易毁于火灾，历史上曾经修建过的难以计数的木塔，几乎都不存在了，如今留存下来的南宋以前修建的木塔，只有应县木塔一座。

图156　山西应县木塔

与木塔相比，砖石结构和砖木混合的楼阁式塔不易被火灾损毁。因此，唐代佛事盛时，就用砖石塔来代替木塔，外形上仍保持楼阁的样子。砖石楼阁式塔有两种：一种是用砖砌塔心，用木结构做挑檐和平座栏杆等，就是砖木混合结构的塔。另一种是完全用砖石模仿木质构件来砌筑。唐宋以前的砖石楼阁塔各地完整保存下来的很多，西安慈恩寺中的大雁塔就是其中之一。大雁塔全用砖石砌成，位于西安市和平门外的慈恩寺内，唐高宗永徽三年（公元652年）由高僧玄奘创建，用来贮藏供奉他从印度取回的佛经和佛像。玄奘主持修建的塔，表面为砖，中心是土，高五层，过了仅仅四五十年就坍塌了。武则天时重新修建，全用砖砌，后来历次修缮，基本忠实于原貌。大雁塔平面为方形，是唐代最流行的形制。塔为七层，高64米，各层都有突出于墙体平面的隐柱和砖雕成的斗拱和塔檐。隐柱将塔身墙面分为一个个开间，自下而上，间数减少，宽度也逐渐缩小，塔的整体因而形成一个方形的椎体。每层四面正中开辟有拱形门洞，从底层南面的塔门进入，顺着盘旋而上的楼梯，可以登到塔顶，各层券门，可供向外眺望。

大雁塔全用砖砌成，仿木结构的出檐相对较短，无法外伸很长，塔檐无法做到飞升上举，造型比较简洁、古朴。砖木混合结构的塔则既坚实耐久，又能够在外观上保持木楼阁塔的样子，做到曲线柔美，塔檐挑出深远，层层上举飞升，形成秀丽美观的造型。上海的龙华寺塔、松江方塔，苏州的报恩寺塔都属于砖身木檐的混合结构塔。松江方塔又叫兴圣教寺塔，位于上海松江区东南的三公街，建于宋代，历代都有修葺，1976年又进行过一次大修，修缮时充分利用原有构件，新的构件也是参考宋代建筑史料制作，目的是尽量保持塔的宋代风格。松江方塔平面为正方形，共九层，塔身用砖砌，各层铺木楼板，楼梯为木梯，塔外的木质屋檐上挑起翘，形成的线条非常柔和。塔檐和平座都有斗拱支撑，整

图157　大雁塔

个塔共用177个斗拱。方形平面、空筒形塔身，沿用的是唐代佛塔的形制。塔总高48.5米，出檐深，塔身瘦，从低到高逐层内收，塔刹挺然高举，堪称玲珑秀丽。形体优美、高耸入云的松江方塔，在蓝天白云、绿树清波的映衬下，更加婀娜多姿，宛如一位亭亭玉立的少女，具有江南建筑特有的秀美风格。

　　密檐式塔也是印度佛塔中国化的一种形式，它是由楼阁式塔演变而来的。楼阁式塔在塔檐之间有相当于楼阁层高的塔身，密檐式塔则没有，而是把塔的底层高度拉长，将以上各层塔檐之间的距离缩短，使得各层塔檐密叠在一起，层层相接。辽金时期，密檐式塔成为佛塔和墓塔的主流，当时北方密檐式塔典型的结构是：平面八角，砖砌实心，底部为高大的两层须弥座，其上为第一层，塔身很高，四面有砌筑假门窗。第一层之上层层塔檐密叠，最上部有砖砌的塔刹。北京天宁寺塔、辽宁北镇崇兴寺塔可以看作是这类塔的代表。唐朝的密檐式塔的形制与辽代不同，一般为方形，内部为空筒状，里面有木楼板，有梯子可供上下攀登。西安小雁塔、大理千寻塔、河南登封法王寺塔都是这种形制。不论是唐朝还是辽代的密檐式塔，都很注重塔的外部造型和表面的装饰，外墙上雕刻有花样繁多的图案，尤其是辽代的塔，细部处理更加细致，刻画精细，形成了繁复华丽的风格。也可以这样说，唐

代的密檐式塔中国化的程度较高，从外形上明显能够看到楼阁式塔的影子，

而辽金时期的密檐式塔则带有浓厚的异国情调。

除了楼阁式塔和密檐式塔，由于信仰佛教教派的不同和地域、民族、文化等因素的影响，在我国各地还能看到喇嘛塔、金刚宝座塔、缅式塔、单层方塔、花塔等风格不同、形貌各异的佛塔。塔是埋葬佛骨舍利供佛教徒敬佛、礼佛的建筑，一般是随着寺院而建的。最初塔占据寺院中心位置，一座寺院只建一座塔，周围布置群房，不见佛殿。后来，有了佛像，随之出现了供奉佛像的大殿。大殿和塔在寺院中的位置并不固定，从魏晋到唐、宋，历代屡有变迁，形成了不同的寺院建筑布局：前殿后塔、前塔后殿、塔殿并列、双塔制度。塔修建的位置不同，体现出对其崇拜重视程度的不同。有了佛殿后，塔不再是寺院中唯一的中心建筑，而是成为寺院建筑群中形体高耸、具有招引力的标志性建筑。

图158　松江方塔

塔作为佛教建筑，具有精神崇拜的意义，同时，耸立于各个寺院中的挺拔入云、造型各异的塔，也为城市、山林增色添辉，成为美化环境的独特景观。有一些古老的寺院已经消失，其他的建筑也已无存，只有塔还矗立在天地之间，人们自觉不自觉地用世俗的眼光去看待这些塔，塔的宗教意义不再被强调。当塔渐渐脱离寺院而单独修建时，也就从神圣的宗教世界渐渐进入了俗世，进入了更加广阔的领域。塔所蕴含的佛性慢慢淡化，世俗人性的趣味增加了。单纯的风景塔、风水塔、纪念塔等在各

图159　天宁寺塔

171

地出现，加入了我国古塔建筑的行列，丰富了古塔建筑的文化内涵。

在古代大多数建筑物都比较低矮的环境中，拔地擎天的塔无论矗立在何处，其突出于其他地表建筑物的体量，都会形成一个制高点，成为地标性的建筑。一些古塔在特殊时期被用来瞭望敌情，也有一些靠江邻海地区的塔，被作为航标，成为"灯塔"，用来为航船指引方向，这些作用都是由塔建筑拔地千寻的高大形象延伸出来的。河北定州城内有一座古塔，通高84.2米，是我国现存最高的砖塔。该塔始建于北宋咸平四年（公元1001年），当时的僧人从天竺取回了舍利，决定修塔供奉。塔址选在古刹开元寺内，现在寺院已损毁，仅存一塔。此塔全用砖砌，用了五十年才修成。塔为正八角形，是楼阁式塔，外观十一层。塔内设楼梯可登临各层，塔壁与塔心之间有走廊环绕，走廊与四面的门相通，便于四方看视。定州位于北宋与辽国交战的区域，两国相争时期，宋兵利用此塔登高瞭望，监视辽军动向，佛塔因而具有了军事防御的功能，由此，此塔也被人们称为料敌塔。

图160　开元寺料敌塔

屹立于江畔海湾的古塔，成为行船的航标，也是塔建筑功能的自然延伸，尽管这不一定是修塔的初衷。钱塘江畔月轮山上的六和塔，由吴越王钱弘俶于公元970年修造，本是用来供奉佛骨舍利和镇压钱塘江潮、希求平安的。不过，塔成之后，塔上夜夜不息的明灯，穿透黑暗，成为江面上来往船只的导航标志。福建晋江市是滨海城市，也被誉为"泉南佛国"，境内分布的一些塔曾是古代重要的航标。六胜塔屹立在泉州湾入海处的石湖金钗山上，是一座建于元代的石塔，塔为楼阁式，古代沿海没有设置灯标时，六胜塔就起着航标的作用。另一座塔叫姑嫂塔，建于南宋绍兴年间，位于晋江石狮的宝盖山上，背靠泉州湾，面临台湾海峡。关于姑嫂塔有一个传说。相传很久以前，闽南大旱，赤地千里，颗粒无收。一位穷苦的青年农民无法缴纳地主的田租，被迫离别新婚妻子和妹妹，到海外谋生，约定三年后回家还债。这位农民离开后，三年过去了，青年农民在回程中舟船没海。姑嫂俩望眼欲穿，于是在宝盖山上用石筑台，登台远眺，盼望亲人回家。日日年年，垒石千万巍然如塔，但依然不见亲人归来。绝望中的姑嫂俩纵身跃入大海。为纪念她们，人们就将塔称为姑嫂塔。姑嫂塔是一座用花岗石建造的楼阁式塔，共五层，高21米，矗立在宝盖山顶，视野开阔，引人注目。《泉州府志》上说它"关锁水口镇塔也，高出云表，登之可望商舶来往"。可见，姑嫂塔的真正作用，是作为航标，引导航船安全抵岸的。

塔不仅可以点缀周围环境，装点河山，成为美丽的景观，同时可供人们登临远望，居高临下观赏周围美景。高耸的体量，也使塔成为人们登高远观、骋目抒怀的好去处。登塔观景，在古代成为很普遍的现象。从此意义上来说，塔和观景楼阁的作用是相同的。而且，塔能观景揽胜，确实与中国楼阁形式的结合有关系，印度埋佛祖舍利的塔，无论从人们对佛的膜拜与尊崇，还是从覆钵形的建筑样式来说，都是不适合登临的。塔传入中国后，受到中国固有楼阁的影响，建筑形制有了改变，塔因而慢慢具有了高层楼阁本来就有的登临观景的功能。人们在建造过程中，为了使塔满足登高揽胜的需要，对其结构有一些适应性的改变，比如，塔内楼层和楼梯的宽度、高度、坡度便于人们攀登和驻足停留，门窗设计相对开敞，便于纳景采光，每层周围回廊环绕，并安设栏杆，便于人们走出塔外，凭栏观景等等。

定县料敌塔建成后，逢节开放，游人登高远望，成为习俗。上海松江方塔、湖南回龙塔、开封繁塔、苏州报恩寺塔、广州六榕寺花塔等，都可沿梯拾级而上，登临塔顶，凭栏远眺，四周美景尽收眼底，自然景观、人文世情一览无余。西安大雁塔是著名的佛塔，同时也是古城长安市民登高观景的地方。唐代惯例，不仅一般人春、秋游览要登临雁塔，而且考中进士的人还要登塔，在塔上题写自己的名字，抒发豪情壮志。"雁塔题名"因而成为文人雅兴，千百年来，各方学士文人登塔赋诗，留下了大量轶事趣话和有价值的诗词歌赋，成为古塔的另一种风景，丰富了古塔的文化内涵。"步步相携不觉难，九层云外倚栏杆。忽然笑语半天上，无数游人举目看。"刘禹锡的这首名为《同乐天登栖灵寺塔》的诗，描述的就是登塔游览的景象。同游的白居易也有诗作《与梦得同登栖灵寺塔》："半月腾腾在广陵，何楼何塔不同登。共怜筋力犹堪任，上到栖灵第九层。"两位诗人同登共游，不仅写下了登塔的佳作，也成就了一段文坛佳话。"却讶飞鸟平地上，自惊人语半天中"，登塔游览时，飞升而上、置身云中的感觉和不同寻常的雄奇景象，的确令人神往。

173

跨山渡水建桥梁

一、桥影桥事桥文化

人类最初开始在地球上生存,要打猎、迁徙、远行,就必然要面对自然界的高山深涧、江湖沟壑等障碍对人行走造成的不方便。远古时期,人们就地取材,跨过力所能及的障碍。倒伏下来的树木或者自然生长而成的树桥、天然形成的石拱、溪流中的石头、山间峭壁悬崖上的藤萝,都被人们用来跨越水道、河流、峡谷、山涧,帮助人们跋山涉水。不过,利用自然物体形成的"桥"跨水渡涧,适用范围有限,利用率不高,并不能完全满足人们的出行需要。后来,受自然"桥"的启发,人们开始根据需要建造桥梁。人为建造的桥梁,可以达到自由出行的目的,同时也能够充分体现人的创造力。早期人们建造的独木桥、木梁桥、索桥、汀步桥、墩式桥等,都脱胎于自然倒伏于河道上的树木、河中的石头、可供攀缘的藤萝这些自然"桥",因而桥梁形式比较简单、朴拙。但是,这毕竟拉开了我国古桥建筑历史的序幕。

图161　跨过小溪的石板

早在原始社会,人们就开始建造桥梁,浙江余姚河姆渡文化遗址和西安的半坡遗址中都曾发现修造桥梁的迹象。文献记载,大禹治水时,就曾修造过桥墩像乌龟或鳄鱼的桥梁。《诗经·大雅·大明》中说,周文王为了迎娶妻子太姒,就在渭水上修了一座用舟船连接的浮桥。"文定厥祥,亲迎于渭。造舟为梁,不(丕)显其光"[1],写的就是这件事。周文王所修的渭水桥梁是有文字记载的世界上最早的浮桥。西周以前,桥梁修建多用木料,形式以浮桥和木梁桥为主,城门外护城河上的吊桥也为木桥。秦汉时期,人们开始修建索桥和拱桥。公元3世纪,秦国蜀郡太守李冰在今四川成都市南部和西部的江上修桥七座,其中一座叫夷里桥,是我国有文字记载的第一座索桥,该索桥以竹子作为主要材料。公元206年,西汉大将樊哙在陕西留坝县的寒溪上建造了我国古代第一座铁索桥。这一时期栈道桥、阁道也开始修建,东汉的画像砖上,已出现了拱桥的图案。可见,汉代已经形成了我国古桥形式的四大类型:梁桥、浮桥、索桥、拱桥。汉代以后,我国的桥梁建设发展迅速,进入了鼎盛时期。古桥修建的材料更为丰富,修桥技术更加高超。以四大基本类型为主,古桥的具体建筑形制更加多样,桥的装饰更为精致。飞阁、栈道桥、曲桥、廊桥、十字桥、渠道桥、纤道桥等形式,都被创造了出来。

图162　自然形成的"拱桥"

纵观修桥历史,人们用来造桥的材料主要有木材、石头、铁、砖、竹、藤、盐、冰等,这些材料大多就地取材。选用一些特殊材料修桥,也是由当地的气候环境决定的。比如,盐桥是用盐在盐湖上铺筑而成的,主要分布在我国西部盛产盐的地区,青海省的察尔汗盐湖桥就是一例。北方地区在寒冷的

①程俊英、蒋见元:《诗经注析》,北京:中华书局,1991年版,第755页。

季节里,就利用江河中天然冻结的厚冰做桥渡河。文献中曾记载汉武帝乘坐御辇在滹沱河过冰桥的情景。兰州的黄河上,到了隆冬季节,天气酷寒时,一般在十二月中旬,就形成冰桥,供人们渡河。清代安徽定远人方浚颐在《兰州冰桥记》中写道:"……冰桥成,大府帅僚属刑牲以礼河神焉……异哉,冰桥乎!浮桥人役之,而冰桥则神使之,人力所不到者……"冰桥被看作是借神力完成的,因此,冰桥形成,还要进行祭祀活动。乾隆时期兰州诗人王光晟也在《冰桥行》一诗中描述了兰州冰桥的壮美景象:"一夜河凝骇神异,碎玉零琼谁委积。错落元冰大壑填,经过漫水如平地。"黄河上游的支流洮河在冬季形成冰桥时,还能够看到透明的冰层下飞流湍急,而冰桥上人来人往的奇异景观。当然,冰桥渡河也不能贸然行事,兰州冰河形成后,是不是结实,能不能渡河,还要有人去探路。毕竟冰桥难以由人掌控,渡河时冰层一旦塌陷,就会酿成惨剧。历史上修桥过程中,多种材料还被混合起来,形成多样的混合材料来修建桥梁。古代工匠们充分利用材料,用他们的奇思异想和高超的技能,在我国辽阔的大地上,修建了众多坚固耐用、造型精美的桥梁,不少桥梁都成为我国古代建筑中的艺术精品。

图163 横卧于水面上的树桥

数量众多的古桥为人们跨越天堑、出门远行提供了方便,同时,长虹卧波、彩练当空,优美的古桥形态点缀在周围的自然环境中,为江河山岳增光添彩。江南水乡,桥梁密布,人们常常在桥头乘凉聊天、观物赏景。步履匆匆的行人,如有片刻停留,登桥赏景,也是令人心旷神怡的事。久而久之,桥成为人们生活中不可或缺的一部分,围绕桥梁出现了不少传统习俗。桥梁逐渐成为故事传说和文学、绘画等艺术作品中的形象,被人们赋予了丰富的含义,千古流传,形成了非常丰富的桥梁文化。

"文以桥名,桥因文传",古桥历来受到文人墨客的钟爱,成为歌曲、绘画、诗文等艺术作品中的形象,从而名扬天下。有些古桥虽然已经颓坏无存了,但是还保留在艺术作品中。《清明上河图》中的"虹桥",因画流传,广为世人所知。明初高启曾有"诗里枫桥最有名"的诗句,指的是唐朝诗人张继《枫桥夜泊》一诗为姑苏寒山寺的枫桥赢得盛名。"月落乌啼霜满天,江枫渔火对愁眠。姑苏城外寒山寺,夜半钟声到客船。"此诗流传甚广,连日本小学生都会背。许仙与白娘子的传说故事,也使得杭州西湖断桥声名远播,吸引着不少的文学家去描写断桥、赞美断桥风光。桥在路上,是人们出行、分别的地方,诗文中常借桥来写离别、相思等感伤情怀。古代诗文常以桥为中心意象,勾画一幅幅伤感的图景,写景寄情,借此传达文人的忧愁和感伤。西安的灞桥是古代人们送别亲友,折柳相赠的地方,据《三辅黄图》记载:"灞桥在长安东,跨水作桥,汉人送客至此桥,折柳赠别。"李白、杜甫、王昌龄、韦庄等人,留下了很多荡气回肠的灞桥惜别诗,灞桥因此也被人们称为"断肠桥""销魂桥"。

《庄子·盗跖》中记载有这样一个故事:"尾生与女子期于梁下,女子不来,水至不去,抱柱而死",说的是尾生在桥下等心上人,洪水来了也不肯离去,最后被淹死。传说中尾生等候女子的桥梁,现实中确实存在过,位于陕西省蓝田县境内,名叫蓝桥。人们以蓝桥为中心在戏曲等作品中,演绎了不少爱情故事,借蓝桥故事底本表现至死不渝的凄美爱情。不过,故事中的桥已经不是生活中实实在在的桥了,而是想象和虚构的,用来寄托人们的情感,成为一种信守诺言、对爱情忠贞不渝的隐喻和象征,成为表现美好爱情和希望的艺术符号。牛郎织女鹊桥相会的故事家喻户晓,"七夕"也被国人看作是中国的"情人节"。这里的鹊桥就是想象虚构的,它寄托了人们对被外力拆散的爱情的美好愿望。桥因而与爱情故事联系起来,像《断桥相会》《虹桥赠珠》《草桥惊梦》《爱在廊桥》《廊桥遗梦》《魂断蓝桥》《廊桥1937》等,很多与爱情有关的戏曲、电影都被冠以桥名。

因桥而形成的传统文化习俗,也是桥梁文化的表现之一。形形色色的桥俗,影响着人们的生活。修桥是造福子孙后代的事,功德无量,民间素有集资修桥的做法,桥修好后,要在桥头立碑,刻上修桥的原因、过程以及捐资者的名字和捐款数额,借以弘扬善行,以期流芳百世。桥头碑文有的出自文豪之手,具有很高的史料和艺术价值,比如徐渭的《史氏桥记》、陶望龄的《渡东桥记及铭》等。古代各地都有祭桥的风俗,修桥时,要选择良辰吉日动工,还要祭祀土地神。桥修成后,也要定时祭祀。有些民族地区还有祭桥节,比如,每年的二月二就是黔东南苗族传统的祭桥节,这一天人们都要到桥上去祭桥神,祭礼隆重,人们充满敬畏虔诚之心。

　　桥通行前,有"踩桥"的习俗,这一习俗至今仍然存在。最初"踩桥"是指桥竣工后,要举行一个隆重的开通仪式,请人们来踩桥。一般会由德高望重的长者或者好命人"踩头桥",其他人则依各自身份或家业,排在桥头,等待踩桥。各地的"踩桥会"即由此而来。四川绵阳安县雎水镇每年都会在立春后的第五个戊日举行"踩桥会",自该镇虎头山下的太平桥建成后,一年一度的"春社踩桥"活动经久不衰,踩桥的人成千上万。习俗中认为,踩桥能除去秽气,带来好运。人们在桥上往下扔破旧衣服和钱以消灾免难,焚香祭拜祈福。桥的周围还有民俗表演、拜干爹、市井交易等活动,场面十分热闹。别处还有正月十五元宵节走桥的习俗。江南水乡乌镇,桥梁众多,人们有走桥健身、祈福的习俗,元宵节晚上,大家三五成群、扶老携幼,提着花灯在桥上行走,走桥要至少走过十座桥,而且不能走回头桥。

图164　四川"踩桥会"盛况

　　"元宵夜,妇孺以彩纸扎灯,结伴夜游,相率宵行,一路看灯,必历三桥而后止,以却疾病""行过三座桥,一年病灾消",这里所说的是"过三桥"的习俗。这个习俗在江南地区流传很广,对于旧时代的妇女来说,能在特定的日子出来走桥,实在是一大乐事。有些地方,姑娘出嫁和孩子满月也有"过三桥"的习俗。旧时,绍兴姑娘出嫁就要走三座桥,分别是福禄桥、万安桥、如意桥,桥的名字正合喜事吉祥如意的愿望,新娘花轿过这三桥,以图吉利。上海的许多城镇,孩子满月时,要过三座桥,当地人认为,"过桥"后的小孩能够免除病灾,长大后胆子大,做事有魄力。时过境迁,现在,"过三桥"的习俗已慢慢淡化了。

桥和佛教文化也有着密切的关系。桥的功能就是沟通阻隔,使原来不通的道路变为通途,利于人们通行。许地山在《忆卢沟桥》中说:"我又想着天下最有功德的是桥梁。它把天然的阻隔连络起来,它从这岸渡引人们到那岸。"[1]修桥,造福百姓,行善积德,因此,古代僧侣参与造桥是很普遍的事。福建的龙江桥就是太平寺的僧人看到龙江水势汹涌,渡河之人经常翻船落水,于是发愿募捐修建的。我国僧人参与造桥主要是从宋代开始的,长桥之乡泉州的每一座桥,几乎都有僧人参与修造。一些古桥上设有佛龛,比如福建永春县通仙桥的中间就设置有佛龛,供奉着观世音菩萨像。云南建水双龙桥中间建的阁楼中也设有佛龛。还有的桥头建有佛塔或者桥上雕刻有宣扬佛教教义的图案,都印证了桥梁建筑在佛教文化中的地位。

桥从此岸跨到彼岸的形象,与佛教普度众生,从"此岸世界"到"彼岸世界"的精神有相通之处,"广度一切,犹如桥梁",这句经文说明了佛教对桥梁精神的认识。佛家建筑常常借用此义,在寺院内或者寺门外修桥。无锡金莲桥就是一座寺内桥,位于无锡市西惠山东麓的惠山寺内,横跨于金莲池上。临河的古寺修建寺前桥的较多,浙江天台山的国清寺、苏州虎丘的云岩禅寺、苏州城内的原报恩寺等都修有寺前桥。寺前桥使人们在入寺门前经过一座桥,寓含着从凡尘俗世度入佛门净土世界的意义。放生桥、普安桥、广济桥、普济桥、渡僧桥等,从一些古桥的名字上,也能看出桥与佛教文化的不解之缘。

古代建筑讲究风水,桥梁修造自然也受到风水文化的影响。能否造桥,如何造桥,选桥址,勘定周边环境,选择什么材料,造什么形制的桥,还有造桥的开工日期等,都有风水讲究。不管是民间还是官方造桥,先要由"风水先生"选址。桥址选得好,可以改善风水。考虑到对风水的影响,造桥有一些禁忌,比如,一般认为桥面中线不能对准住房,否则,住宅就会"受冲",不吉利。风水里面认为,流水会带走一家或者一地的财运和福气,不过桥能锁水,可以使风水变好。桥还能聚气,连通气息,通过修桥,可以把好地方的风水扩展到别处去,使附近地区或人家得到福祉。桥的修建会影响到墓葬的风水,决定

跨山渡水建桥梁
KUASHAN DUSHUI JIAN QIAOLIANG

①许地山:《忆卢沟桥》,载《许地山散文》,亦祺选编,杭州:浙江文艺出版社,2001年版,第116页。

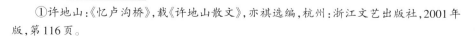

儿孙后辈的发达与否,桥的风水会影响到当地读书人能否成才、做官。古代各地都有修建风水桥的传统,现在,也有修风水桥的事情出现。风水是中国古代的一种文化现象,古桥建筑也是体现传统风水文化的一种载体。

二、城外有桥变通途

城市的存在离不开道路,道路网四通八达,交通便利,才能保证城市的发展。否则,城市就成为一座孤岛。人类从开始定居生活起,就注重聚落周围道路的拓展,半坡壕沟上的小桥,通向田野、山林的由人践踏而成的小路,连通了原始聚落和外面的世界,人们可以将聚落外的猎物、果实等物资运进来,以供养聚落。历来的城市修建者都很重视城市道路网的构建,城内道路纵横交错,各个区域通达方便,城外道路近通邻村、邻镇,远达异域他国,都要畅通无阻。城市选址,常常依山傍水,即便周遭一马平川,道路要通向远方,也会遭遇复杂地势,高山大河、小溪沟壑,都会阻隔道路通达。要跨越这些阻隔,少不了桥梁。正所谓"无桥不成市,无桥不成路,无桥不成村"。因此,一些古桥虽然修在城外,却是城市不可缺少的建筑,它们跨河渡涧,长虹卧波,拱卫着城市,保证了城市道路通达四方。

江西赣州地理位置险要,历代为郡、州、路、道、府的治所。早在公元前201年西汉刘邦时就已经设县,公元349年,南康郡守高琰在章江与贡江汇流而成的赣江岸边建立郡治,由于战乱和洪灾,郡城位置多次搬迁,到了公元552年(南朝梁承圣元年),现在的古城地址才固定下来。唐代时古城曾修建土城墙,但常被江水冲毁,到了北宋嘉祐年间,修筑了砖砌城墙,历经南宋、元、明、清、民国多代不断砌筑、加固,形成了完备牢固的城墙防御建筑体系,至今仍然发挥着防御洪水的作用。赣州自古以来就是江西通往湖南、广州、福建的江南重镇,古城位于三江交汇处,是陆路、水路的交通要道,"商贾如云、货物如雨"说的就是赣州商业发达、交通繁忙的景象。

赣州古城是一座名副其实的"浮城",被章江、贡江、赣江三面环抱,南面原来还有护城河,作为商贾往来、货物集散的交通重镇,三面环水、江面宽阔的环境为进出古城的人们造成了极大的不便。用船渡水,交通流量少,效率低,不能满足需要。宋朝时,人们开始在古城外的广阔江面上修建浮桥,先后在西河、东河、南河上修了三座浮桥。浮桥沟通了古城内外,使得南来北往的人们可以轻松通过大江,进出赣州,方便了百姓出行和货物流通。第一座浮桥在西津门外的河上,始建于北宋熙宁年间(公元1068—1077年),由赣州知军刘瑾主持,桥与古城西大街相连,是古代的盐运码头,从广州、安徽等地运来的盐都在此处上岸进城。盐是百姓的日用品,家家都要消费,交易自然繁忙,旧日古城的西大街的确是仅次于东大街的繁华商业街,店铺、客栈林立。第二座浮桥修建于南宋时期,建在古城东边的建春门外,主持修造者是当时赣州的知军历史文化名人洪迈。第三座浮桥修建于南宋淳熙年间,由知军周必正修成,坐落于南门外的河上。三座浮桥发挥了极大的交通作用,同时又用来"锁江",控制过往的船只。古代东、西两座桥上都征收关税,浮桥可以开启,过往商船交了税才能验票放行。

古代很多临海的城市都建有浮桥,随着建桥技术的发展和城市交通的需要,城市不再建设浮桥,古浮桥也被拆除。即使偶有城市造浮桥,主要也是作为旅游景观,而不是交通需要。赣州现代的城市建设中,两座古浮桥也被拆除了,只有建春门外的古浮桥如今还在。1965年,郭沫若来到赣州,曾写下诗句:"三江日夜流,八境岁华遒。广厦云间列,长桥水上浮。"那时的江面上想必三座古浮桥都还在。从建春门出古城,就可以看到江面上长长的浮桥,宛如一条巨龙。这座浮桥原名惠民桥,又称东津桥,全长400米,由一百多只小船拼成,每三只小船为一组,用缆绳将它们连在一起,上面铺设木板,然后用钢缆、铁锚将整条船固定在江面上。建春门浮桥一带在古代是非常繁忙的港口,码头遍布,商船云集,江上桅杆如云,而浮桥又是当时东门外沟通城乡的最重要关口,其交通繁忙程度可想而知。现在赣江水运繁忙的时候,浮桥还会定时开启,让船只通过。平时,浮桥上仍有无数的人来来往往,踏上浮桥进城、下乡、买菜、上学、走亲戚、游玩……历经八百多年的岁月沧桑,古老的浮桥依旧充满活力,成为赣州市独特的人文景观。

图165 赣州古浮桥

卢沟桥是北京市西南的一座大型联拱石桥,横跨在古城北京广安门10

公里外的永定河上,离城不远。许地山在散文《忆卢沟桥》中曾写到他和朋友一起,出北京广安门,步行去卢沟桥游玩、观景的事。永定河历史上也叫无定河、浑河、小黄河、卢沟河,是北京城外很古老的一条河,发源于陕西省西北部,流经黄土高原,河水带有大量泥沙,色黑。水流湍急,流势凶猛,河水经常泛滥,大量泥沙沉积在河床上,由于不及时疏通,因此,河道经常随流势改变。到了康熙三十七年,疏通河道,砌筑堤坝,河道才趋于稳定,无定河也更名为永定河。卢沟桥所在之处是南北交通要道,是从南方进入京城的必由之路。最初,人们用船渡河,后来,又修建了浮桥。无奈,过往行人、车马太多,交通繁忙,浮桥不能满足通行需要,不得不考虑另外修桥。卢沟桥的名字在《新唐书》里就出现过,宋代范成大的《卢沟》诗里写到的桥还很简陋。现在闻名中外的卢沟桥是金世宗大定二十八年决定修建的,动工修建是在第二年的春天,即公元1189年,此时金世宗已去世。工程历时三年,到金章宗完颜璟明昌三年时修成,命名为广利桥。因它跨越的河也曾叫卢沟河,人们习惯上将此桥称为卢沟桥。

图166　北京卢沟桥

卢沟桥全长266米,宽9.3米,采用纵向联拱方式筑成,共有十一个桥洞,两端靠河岸的桥洞拱券跨度小,只有11米,越往河中间,拱券跨度就越大,最中间的一个跨度达到21.6米。桥墩下面修筑成船形,迎水的船头很尖,而且包裹了三角铁,使得水流一碰到桥墩,就被分流,从而减缓水流对桥墩的冲击。桥墩顺水的一面,修成了船尾的样子。桥上两侧各有石望柱一百四十根,柱高1.4米,桥柱之间镶嵌着石栏板。石柱的顶端都刻有石狮,石狮大小不一,雕刻精美,神态各异,活灵活现,或昂首远眺,或俯视脚下,或回首顾盼、龇牙吐舌、怒目前突,不一而足。有些石柱上不止一头狮子,而是大狮子和小狮子相互依偎,一起蹲在石柱上。人们常说:"卢沟桥的狮子——数不清。"桥上的石狮到底有多少呢? 1962 年有人统计是四百八十五尊,后来又有人统计是五百零二尊。有些小狮子只是伸出一张嘴或者仅仅露出眼睛,不容易分辨出来,数来数去,令人眼花缭乱,因此卢沟桥狮子的数量难以说清。桥西头有一对石象,大象身上也雕刻着若干数量的小狮子。桥东头的御碑亭内耸立着乾隆皇帝题写的"卢沟晓月"的一块石碑。如此众多的精美石刻装饰,真是桥梁建筑史上的奇观! 马可·波罗盛赞卢沟桥是"世界上最好的、独一无二的桥"。

卢沟桥渡口一带本来就是燕蓟地区的交通要塞、兵家必争之地。卢沟桥修成后,更是车水马龙,行人往来不绝。商贾来去,官员往还,进京赶考,离京赴任,都要经过卢沟桥。桥上车碾马踏,人迹匆匆,显示了卢沟桥在进京途中的重要地位。路途遥遥,卢沟桥虽然只是路的一段,但是却成为旅人赏景、休息、话别的地方。通过社会名流、达官贵人,卢沟桥的形象留在了绘画、歌曲、诗词、散文等作品中,乾隆皇帝、康有为、谭嗣同等人都曾留下过对卢沟桥赞赏的文字,历代诗词不乏对卢沟桥行旅景观的描写。金朝礼部尚书翰林学士赵秉文的送别诗写道:"河分桥柱如瓜蔓,路入都门似犬牙。落日卢沟桥上柳,送人几度出京华。"元朝的张野在《满江红·卢沟桥》的词中有"桥下水,东流急。桥上客,纷如织"的句子。南宋陈高有诗句云:"卢沟桥西车马多,山头白日照清波。"明代邹缉在《卢沟晓月》中也写道:"北趋禁阙神京近,南去征车客路长。多少行人此来往,马蹄踏尽五更霜。"诗词中写的都是卢沟桥作为出入京都、迎送客人门户的交通繁忙景象。

另外还有西安灞桥、泉州洛阳桥、福州万寿桥、苏州宝带桥、灵江浮桥、都江堰安澜桥等,不计其数的桥建在城外,近则几十米,远则数十里。梁桥、拱桥、索桥、浮桥,无论形式如何,名气大小,其作用都是跨越障碍,使"一桥飞架南北,天堑变通途",从而沟通城市内外,方便人们出行。

三、市井虹桥交易忙

古时城内修桥,大多也是为了便利交通。不过,桥上人来人往、熙熙攘攘,商贾、百姓、游客等都要经过桥头,百姓们看中了桥梁汇聚人流的作用,有人就开始在桥上摆摊设点做买卖。久而久之,逐渐在有桥的区域形成市场,进而成为热闹繁华的市井文化区。"长桥驾彩虹,往来便市井。日中交易还,斜阳乱人影。"这是一首写上海青浦放生桥的诗,诗中吟唱出了桥的形态、作用和围绕桥梁形成的市井文化景观。

北京天桥市井文化的形成和桥有很大的关系。天桥现在虽然是一个地名，但追本溯源，这个地名是因桥而得，最初天桥的含义是指一座桥的名字。清《光绪顺天府志》记载："永定门大街，北街正阳门大街……有桥曰天桥。"元朝时，天桥地区是一片水域沼泽之地，水势茫茫的地带正好处在都城的中轴线上，不仅影响了黎民百姓南北通行的道路，更为重要的是阻碍了天子要去南郊祭天的道路，于是，就在此处修建了一座桥，由于是皇帝祭天时必走的桥，所以叫作天桥。其寓意也较为明显，桥北是凡间人世，桥南是天界，天桥就是从人间通向天上的道路。天桥具体的修建时间已不可考，但元代已有人写过《天桥词》，描绘了天桥的景象，当时，天桥两旁已有小的市场，水中种植荷花，岸边垂柳依依，还有供人游玩乘坐的小船，此处是"元代妓舫游河必经之地"。可见，最晚在元代，天桥已经建好，而且天桥一带那时已成为文人雅士、迁客骚人游玩观赏的地方。

明朝时扩建外城，本来位于南郊外的天桥就被包在城里了。以明代加建了外城后的布局看，天桥位于内城正阳门和外城南门永定门之间。据史料记载，明朝时天桥是一座南北向跨河的汉白玉石拱桥，石桥的位置在天坛路西口、天桥南大街北口和前门大街南口之间。桥长约8米，宽约5米，石桥有三梁四栏，东西两侧各有五根栏柱。桥身用石板铺成，石板之间有铁锭加固。柱顶雕刻成莲花骨朵形状，桥孔券洞上中心部位雕有龙形图案以达到镇水的目的。石桥是皇帝祭天时的专用通道，平时用木栅栏封挡着，普通百姓不能接近。在石桥的两侧各建有一座木板桥，一般人出行只能走两侧的木板桥。石桥两边的河流被人们称作龙须沟，因为如果将前门看作龙头，石桥比作龙的鼻子的话，桥下的河流就像龙须。据人们口头传讲，站在天桥北往南看，看不到永定门，在桥南往北看看不到前门，能够遮挡住当时北京最高的建筑，可见天桥足够高大雄伟。光绪三十二年（公元1906年），由于整修马路，石桥被拆，改建成了一座矮矮的石板桥。1929年，由于要通行有轨电车，进一步降低了小天桥桥身的弧度，将桥修成和地面水平的平桥，两旁的石栏杆仍在。到了1934年，为了拓宽正阳门和永定门之间的马路，天桥被全部拆除，彻底消失了。

天桥所在的地方是从南方进入都城北京的交通要道，修建天桥后逐渐变得繁华起来。元朝后期，天桥附近就出现了经营饮食业和买卖旧货的市场。明朝时，因为建外城，天桥曾一度冷落下来，但是不久后又成为热闹的场所。尤其是到了端午节，天坛游人最多，其中就有以骑射作为娱乐的活动,活动场所就在天桥旁边的广场上。清朝顺治年间,朝廷下令所有在内城居住的百姓迁往外城,人口的增加,进一步推进了天桥地区市场的发展。光绪年间,京汉铁路修成,车站在永定门外,天桥成为各地往来旅客、商人的必经之地,天桥附近又开辟了多处市场,商业发展更为繁荣。市场发展的同时,天桥地区还成为艺人卖艺、练杂耍的场所,逐渐形成了具有北京特色的市井文化,游艺场所、茶楼、酒肆、饭庄、说书摊、估衣摊、武术场地、杂技场地等应有尽有。天桥因市场而兴起繁荣,同时又成为平民百姓娱乐的文化场所。"酒旗戏鼓天桥市,多少游人不忆家",诗句写的就是天桥热闹非凡的市井文化景观。如今,历史上那座称为"天桥"的石桥虽然已不存在了,但是依托天桥所形成的市井文化并没有消失。

桥上摆摊设点形成"桥市"的现象并不少见。宋代名画《清明上河图》中,有一座状如飞虹的木拱桥,桥身单孔,横跨在汴河之上,这种桥被称作虹桥。汴河是北宋都城东京非常重要的水系,据说,汴河上有许多这样的木拱桥。孟元老在《东京梦华录》中记载说:"自东水门外七里至西水门外,河上有桥十三,从东水门外七里曰虹桥,其桥无柱,皆以巨木虚架,饰以丹艧,宛如长虹,其上、下土桥亦如之。"有人考证,认为《清明上河图》中所画的桥很可能就是汴梁城内东角门外的叫作"下土桥"的虹桥。虹桥全用木构,整座桥由两组纵向的巨木拱骨交错搭成,每组沿桥宽方向十道,每道纵向四根。某组拱骨的中点是另一组的端点,在各组的中点处插入横向梁木,然后用铁箍箍紧,最后组成一个拱形的桥梁。桥拱宽约8米,跨距近25米,河上净跨近20米,桥拱下有5~6米的净空,可以行船。这样的木桥对建筑工艺有着很高的要求,因为要培土压拱,桥的两端形成了较为平缓的曲线,使整个桥型线条优美,轻盈灵动。《清明上河图》画的是北宋汴梁城内的繁华景象,尤其是清明这天,老百姓都到河上去,像赶集一样,非常热闹。虹桥不仅是交通往来的关口,还常常成为百姓自发摆摊设点做生意的地方。从《清明上河图》上来看,虹桥两岸商铺林立,桥上人头攒动,拉车的、挑担的、赶驴的、骑马的、抬轿的、看热闹的等各色行人,摩肩接踵。另外,还有摆摊的、叫卖的以及出来转悠买东西的人。人来人往中,围绕虹桥形成"桥市"。因桥设市,在宋代是很普遍的现象,宋人诗作中高频率出现的"桥市"意象,就是明证。"两桥十里东西市,只欠春风一酒楼。""市桥灯火闹,且复喜丰年。""行到市桥人语密,马头依约对朝霞。""官桥夜市正沽酒,沽酒共赏莫待昼。""桥市"繁盛时,人群聚集,妨碍交通,也威胁桥的安全,宋代还曾发令禁止"桥市"。不过,想来也是屡禁不止。

跨山渡水建桥梁
KUASHAN DUSHUI JIAN QIAOLIANG

图167　宋朝《清明上河图》中的虹桥

　　湖南醴陵市有一座桥横跨于城南的渌水河上,叫作渌水桥。渌水桥始建于南宋,最初是石墩木梁的多孔连续伸臂桥,有石桥墩七个。元、明、清时期,渌水桥毁于水、火之灾十数次,曾经七次重修。现在看到的渌水桥是1928年重修的,是一座九墩十孔的联拱石桥,全长180多米,宽8米,桥的南北两端都有引桥,中部建有边桥通向水中的状元洲。渌水桥在历史上也是一座商业桥,从明代的成化年间开始,人们在桥上修建了桥屋,到了明末,桥屋达到百余间,桥上还修有一座楼,用来供奉真武大帝神像。从建桥屋开始,渌水桥就成为一座市桥,桥上店铺众多,门面各异,货品琳琅满目,人声鼎沸,热闹非凡,渌水桥俨然就是一处自由贸易市场。

图168　醴陵渌水桥

历史上的湘子桥也是一座以商业出名的古桥,曾有"一里长桥一里市,到了湘桥问湘桥"的说法。湘子桥最初的名字叫济川桥,后来被称作广济桥,湘子桥是俗名。湘子桥与河北的赵州桥、福建的洛阳桥、北京的卢沟桥并称为"中国四大古桥"。广东民谣中说,"到广不到潮,枉向广东走一遭;到潮不到桥,枉向潮州走一遭",可见,湘子桥地位的重要。湘子桥位于广东省潮州市的东门外,虽然在城门外,不过紧邻城门,西接东门闹市,如在城中。湘子桥横跨于滚滚飞逝的韩江之上,韩江原名恶溪,上下游的水流落差大,到了湘子桥一带,河道加宽,水流湍急,对人们过江出行造成很大的不便。此处又是广东通往浙江、江西、福建的交通要道,因此,湘子桥的修建最初自然也是由于交通需要。南宋时期,湘子桥建成,修建面临重重困难,过程漫长,历经五十六个年头才将桥修成。修成后的桥样貌独特:全桥分为三段,东、西两段是石墩、石梁,东边桥长283米,有桥墩十三座、桥洞九孔,西边桥长137米,桥墩十座,洞九孔。中间用二十四条木船搭成浮桥,将东、西两边连接起来。浮桥段可以定时开启,以便船只通行,发大水时,可将浮桥拆掉来泄洪。因其独特的结构,湘子桥被桥梁专家茅以升先生誉为"世界上最早的启闭式桥梁",具有将"拱桥、梁桥、浮桥"结合于一桥的风格。

湘子桥修建非常艰难,修成后又常常遭遇洪水、台风、地震和战火等自然灾害和人为的破坏,历史上屡次重修、补修达到二十四次之多,可谓屡建屡坏,屡坏屡建。有一个关于修桥的传说,说明了湘子桥名称的来历,同时又说明了修桥的不易和艰辛。据说,韩愈被贬潮州后,深感过江之苦,想在韩江上造一座桥,造福百姓,发展经济。但是,反复尝试都修不成。于是,便邀请了韩湘子等八仙和广济和尚一起修桥。韩湘子带领七位神仙修桥的东段,广济和尚带领十八罗汉修西段,两人约定在江中汇合。开修后,韩湘子到凤凰山去取石头,石头被他变成了黑猪,一路赶着走,最后的一群猪快要赶到时,被一个孕妇看见识破,大喊"石头怎么会走路",一语道破天机,石头再也不动了,韩湘子负责的最后几个桥墩没有修成。广济和尚请来十八罗汉帮他修桥,他也亲自到桑浦山开采石头,石头被点化成黑羊赶着走。最后一群羊赶到半路时,碰见一个恶霸地主,他想抢夺这群羊,便对广济和尚说:"你这和尚哪来的羊呀!分明是我家的。"广济和尚被纠缠得没有办法,就把羊群赶到了地主家的田里,羊群变成了一座座乌石山,把地主家的良田压在下面。广济和尚负责的最后几个桥墩也没修成,两段桥无法合龙,可是约定的时间已经到了。这时何仙姑只好将手中的莲花瓣抛向江心,结果化成了十八条梭船,广济和尚看到后立刻扔下禅杖,禅杖化成一条巨藤,将十八条船拴住,成了浮桥,把没修好的桥连在了一起。这也就是"湘子桥"和"广济桥"桥名的来历。

图169　画作中的湘子桥原貌

仙佛造桥当然只是传说,它将修桥的时间提前到了三百多年前的唐朝,但传说进一步渲染了这座大桥形状的神奇之处,渗透着对古代造桥工匠们聪明才智的赞扬。明代重修时,在桥面上建亭屋一百二十多间,并且在桥墩上修建了二十四座形式不同的楼阁。到了清朝,铸成两只铁牛,分别放置在浮桥左右的桥墩上,达到镇桥的目的,后来一只铁牛没入河中。重修的过程中,浮桥最初的二十四只梭船也被减成了十八只。潮州有民谣传唱:"潮州湘桥好风流,十八梭船廿四州;廿四楼台廿四样,两只铁牛一只溜。"民谣说的是湘子桥的形制格局。其实,从南宋初建到清朝雍正年间,从第一个桥墩的修建到铁牛的铸成,历经三百多年的时间,湘子桥才形成了潮州民谣中所说的形制。桥中间为浮桥,主要是河宽浪急,江中立桥墩困难,独特的桥型,适应了韩江特殊的地形和水势。湘子桥,不能不说是古桥建筑史上的奇观。

湘子桥处于交通要塞上,又是粤东地区丰富物资的集散地,自从人们在桥上建造亭屋、楼阁开始,湘子桥很快就成了交通、贸易的中心,"一里长桥一里市",桥上形成了热闹的桥市。潮州丰富的物产、交通的便捷和奇特的桥型为桥市形成创造了条件。每天清晨,桥上的茶铺、酒肆、商店纷纷开启,人们在这里喝酒、饮茶、谈生意,还可在楼阁上观景揽胜。白天,桥上屋宇鳞次,商贩云集,人声喧哗,不绝于耳。到了晚上,桥上灯火通明,与远处江面上的点点渔灯遥相呼应,酒肆中猜拳行令声不断,歌声、琴音声声入耳,直至深夜。明朝的李龄在《广济桥赋》中曾如此描写桥上的热闹场景和壮观气势:"若夫殷雷动地,轮蹄轰也;怒风搏浪,行人声也;浮云翳日,扬沙尘也;响遏行云,声振林木,游人歌而驿客吟也;凤啸高冈,龙吟瘴海,士女嬉而萧鼓鸣也……"由于桥很长,桥面又宽,达3丈多,加上热闹的人流,密集的店铺,常常使初来乍到、身处其中的人,不知是在桥上,因而出现"到了湘桥问湘桥"的笑话。北宋汴京虹桥上交易繁忙的桥市似乎在此处再现。

图170　2007年修复后的湘子桥

四、古代也有"立交桥"

立交桥又叫"立体交叉桥",是现代城市中出现的桥梁建筑。辞海中对它的解释是:在城市重要交通交汇点建立的上下分层、多方向行驶、互不相扰的现代化陆地桥。远古时期,桥最初在人们的生活中出现,其根本的作用就是跨越行途中的障碍,从而使道路变得通畅、便捷,人们不再受阻隔、拥塞之苦。这些桥梁都架设在河流或者深谷等天然障碍物上面,即便是城市市井中的桥梁,也大多如此。

到了现代,在繁华的大都市中,道路纵横交错,方向四通八达。四面八方汇集而来的人流、车流要在某一交叉路口转向、疏散,当道路的容纳、疏通能力不够时,就会出现人为的拥堵、阻塞,造成出行的不便。为了分流、跨越人为出现的交通障碍,城市中的立交桥就应运而生了。立交桥因此也被看作是现代化城市的重要标志,成为保证城市道路、高速公路畅通无阻的重要建筑物。

立交桥建筑将平面道路上的交通量通过多层、多向立体的转化,缓解了单位面积内的交通压力,保证各个方向进行的行人、车辆尽量不受影响,从而便利了交通,加快了城市交通运行的速度。现代立交桥从其跨越的形式来看,有跨线桥和地道桥之分。跨线式就是在已有的道路上建桥跨越,分离式的跨线桥可以使上下几层的车辆各自通行,各层桥面只是在空中跨过,互不相通。而互通式的跨线桥则能够使上下几层的桥面相通,车辆可以在桥上绕行,改变方向。建设互通式立交桥时,需要在平面的道路和空中立面上修建迂回绕行的匝道,以供车辆上下通行。这样的立交桥可以适应更加复

189

杂的交通情况,但是占用的城市土地面积较大,工程量也相应增加。地道桥不是在已有的主干道路上实现空中跨越,而是从地下挖筑通道穿越已有的道路,形成多层、多项的立体桥梁。以上只是立交桥的基本形式,在实际的修建中,由于城市的快速发展,技术设计水平的提高,立交桥也呈现出由简单向复杂、由形式单一向多样化发展的趋势。各个现代化大城市中多种多样、形态各异的立交桥成为城市的独特景观。

图171　城市立交桥

现代城市立交桥虽然姿态各异,发展日新月异,但是,无论立交桥的建筑形式如何变化,它作为桥梁建筑所具有的基本内涵和功能并不会从根本上改变。立交桥最基本的功能就是通过多层桥面的搭建,在垂直方向上形成上下多层的桥上通道,这些通道可以满足多方向行进的车辆和人员互不干扰,顺畅通过。其实,古代的桥梁或者道路中已有类似现代立交桥的建筑理念,这些古建筑的形制在现代立交桥的修建中仍有影响,从某种意义上可以说,立交桥并不是现代城市中突然凭空出现的,在中国几千年的古桥修建中,立交桥或者类似立交桥的建筑早就存在了。虽然由于建筑材料、工艺等因素的影响,古代以砖石土木为材料的桥无法和现代钢筋混凝土的立交桥在功能和体量上相媲美,但是,这些古桥至少应该被看作是现代城市立交桥的雏形。

据记载,秦始皇时期,大兴土木,建成的宫殿众多,规模宏大,为了沟通各个宫殿群,方便往来,于是修建了很多甬道或复道。不仅阿房宫通过复道跨过渭水与北岸的宫殿相通,而且还将都城咸阳周围二百七十多座宫殿都用复道或甬道沟通。西汉时期的宫城内也修复道,连通各宫室,有些复道长达数十里。东汉宫中的复道修建更加兴盛,宫中竟设有专门管理复道的"复道丞"官职。到了魏晋南北朝时期,复道修建逐渐不再时兴。那么,复道到底是一种什么样的建筑呢? 当时宫室间的复道虽然看不到了,但是,从敦煌

图172　东汉彩绘陶仓楼（杨帆摄）

壁画、汉代画像石和一些出土的汉代陶楼中，我们能够了解和复道相关的情况。甘肃武威雷台汉墓出土的陶楼，是一个四周围合起来的院落，院落中央有高大的望楼，院墙四角有角楼，正面有一座门楼，门楼和角楼之间用架空道路相通。河南焦作出土的陶楼，主楼和附楼之间也有凌空的复道相通。汉代画像石和敦煌壁画中也能够发现连通两座高层楼阁的道路形象。由此可知，复道如同陆地上的桥梁一样，是架设在两座楼阁之间的空中道路。从字面意思来看，复道就是上下有道。皇宫中有复道，可以让尊贵者行于其上，不受干扰，保证出行安全。复道凌空而建，与下面的道路方向不管一致还是不一致，其所蕴含的立体交通的建筑理念应该是不容置疑的。

　　除了复道，古代还有类似于现代立交桥的立体道路。北京天坛公园内有一条连接祈年殿和皇穹宇的南北大道，大道长360米，宽30米，始建于明永乐十八年（公元1420年），大道由南到北逐渐升高，南面高出地表约1米，北面高出地面约4.5米。这是皇帝祭天时象征步步高升的升天大道，路面中间的石板路称为"神道"，供天帝神灵走，"神道"左边是"御道"，供皇帝行走，右边是"王道"，供王公大臣行走。这条大道叫作丹陛桥，一条笔直的大道被称为桥，未免有点名不副实。其实，这条南北向的大道下面，天坛东、西天门相对处，开挖有一条东西向的券顶拱形隧道，叫进牲门，是祭祀时将位于天坛西面牺牲所内的牲畜赶到天坛东北角的宰牲亭的通道。祭祀用的牲畜一旦通过此门，就意味着结束生命，因此，人们也将此门称为"鬼门关"。东西向的地下隧道和地面大道正好形成了立体交叉形式，和现代立交桥中的地道桥差不多。因此，丹陛桥不仅是真正意义上的桥，而且还被认为是古都北京最古老的立交桥。

　　海龙囤遗址是一座古代军事城堡遗址，位于贵州省遵义老城北面约30公里的龙岩山东麓，又名龙岩囤。海龙囤城堡始建于唐代，在明朝的战火中被毁。城堡的主人是从唐朝起就世袭的杨氏土司。杨氏土司政权持续了

191

700年,共有过二十九代土司。海龙囤遗址建在山顶上,四周群山环绕,一峰孤起,三面全是绝壁,只有一面有羊肠小道可通。建筑特色是军事建筑和宫殿建筑合一,经过历代营建,成为坚不可摧的城堡。"老王宫"和"新王宫"是城堡内最大的两组建筑群。在"新王宫"的考古发掘中,考古队试图弄清"水牢"的真相。清除硕大建筑物基址下一条通向幽暗之处涵洞的堆土后,发现了一条长7米多的通道,通道的入口是一座石拱门,进入石拱门后,道路随台阶上升重新回到地面,转入了王宫正殿和居住区。清理涵洞上方地面发现石拱门的顶端有石铺路面,拱门上的石铺道路与涵洞内的道路呈十字相交。考古发现排除了石拱门相关建筑是"水牢"的说法,而认为是明代所建的一条立体交叉通道,石拱门就是桥下涵洞入口,这组立体交叉道路被称为明代的"立交桥"。

除了复道、丹陛桥等酷似现代"立交桥"的立体交叉道路外,还有绍兴城内的八字桥值得一说。绍兴是名副其实的水乡,享有"桥乡""桥都""万桥市"之誉,"出门坐船,抬腿过桥"是对水乡绍兴生活的写照。早在两千多年前越王勾践时期,绍兴人就开始在城内修桥。清朝光绪年间,城内已有大小河流二十九条,共有桥梁二百九十九座,现在城内著名的桥梁还有一百余座,八字桥就是其中的一座。八字桥始建于何时,已不可考。但主桥下面东侧的石柱上刻有"时宝祐丙辰仲冬吉日建"的字样,宝祐丙辰是南宋宝祐四年,即公元1256年。文献记载宝祐四年是八字桥的重修时间,到了清乾隆四十八年,也就是公元1783年再度重修。也就是说,至少在南宋时期,八字桥已经存在了,清朝重修后的八字桥,就是我们现在看到的样子。

图173 绍兴八字桥模型

八字桥坐落在绍兴城东南部的水陆交通要道上,此处街道纵横相通,三条河流交汇。主河道是南北流向,向南遥承鉴湖,向北直通杭州古运河。主河道两侧各有一条小河，一条由西向东，一条由东向西，最后都流入主河道。八字桥的设计修建充分适应了这种交通情况，布局精巧，造型奇妙。《嘉泰会稽志》上说："两桥相对而斜，状如八字，故得名。"八字桥的主桥呈东西向架于主河道之上，桥洞是方形的，桥下有专供纤夫拉船通行的纤道。主桥东头，南、北两侧都建有坡道。主桥西头，有向西的坡道供人们上下桥。另外，还有向南的一条坡道，坡道下有桥孔，横跨小河。如今，小河已经淤塞，只有主河道还通航。

这座三向四面落坡的古桥全用石料建成，石柱、石墩、石梁。绍兴盛产青石，绍兴人充分利用了石料资源，创造出了各种造型精美的石桥建筑艺术。八字桥主桥高5米，净跨4.5米，桥面宽3.2米，全用条石铺成，微微向上拱起。桥的各个坡道均为25度，南北方向的坡道都比较长，较为适合人们行走。桥上有栏杆，望柱头上都雕刻有覆莲图案。桥梁的"八"字造型，达到了一桥通三街、跨三河的效果，充分适应了周边的环境，既顺应了本来的街道走向，保存了已有房屋，又解决了水陆道路交汇处复杂的交通问题。通过八字桥主桥和三座引桥，人们可以根据目的地选择，各自通达。桥上走人、过车马，桥下行船，互不干扰。另外，桥畔建有三个码头，便于人们出入大河。八字桥独特的结构和立体多向的交通功能，被专家学者称为"古代的立交桥"。

图174　绍兴八字桥

五、奇思巧构在一桥

　　跨越障碍，连通道路，是桥梁的基本功能。从人类早期所造最朴拙的桥梁到雄伟壮观的现代桥梁，中华大地上，不计其数的桥梁建筑，最初修造的目的都是为了实现行车走马过行人的交通功能。人们在风尘仆仆的匆匆行途中,似乎也很少驻足观赏桥梁风景。不过,我国古代桥梁形式众多,索桥、拱桥、梁桥、浮桥等,形式都比较美观,再加上古代桥梁修建者充分利用自然材质,因地制宜,精心构建,将桥梁和周围的自然山水环境融合在一起。精巧的构思、美妙的造型,使桥梁具有了点缀河山、美化景观的作用。"古道西风瘦马,小桥流水人家""鸡声茅店月,人迹板桥霜""隐隐飞桥隔野烟,石矶西畔问渔船""一树寒梅白玉条,迥临村路傍溪桥"皆是与桥有关的行旅风光。"水从碧玉环中过,人在苍龙背上行",桥、人、水融合一体的意象更是美妙绝伦。在园林中,桥点缀风景、营造园林佳趣的作用则更突出,桥可以将水面分割开,使水景有了层次感,更加深邃悠远。桥多样灵巧的造型和不同寻常的点缀装饰,本身就是优美的景观,再加上水中的倒影、桥头的垂柳、远山近观、晓月夕照等一起构成了绝妙的园林风景。

颐和园的十七孔桥在昆明湖宽阔的水面上,从万寿山的前山向南眺望,首先映入眼帘的就是这座连接着南湖岛和东堤的长桥。此桥是联拱石桥,全长150米,桥面宽8米,桥下有十七个券洞,中间一个最大,两侧的桥洞逐次缩小,因而桥身微微隆起,整个桥面形成舒缓的曲面,轻盈地依附在水面上,状如新月,桥身倒映在水中,异常美丽。十七孔桥的设计建造,匠师们颇费苦心,从中间的券洞向两边数,每边的桥洞都是九个,"九"在古人眼里是最大的阳数,运用在皇家园林中,符合皇帝"九五之尊"的身份,蕴涵着平安、祥和的意思。另外,十七孔桥的建筑形制,据说结合了北京卢沟桥和苏州宝带桥的优点,桥面两侧是汉白玉石栏杆,共有一百四十根望柱,望柱上面都有石狮,石狮栩栩如生,雕工精美。桥的东西两端还分别有一对雕刻的石兽,为桥梁增添了神秘的气氛。

图175　颐和园十七孔桥

十七孔桥的西端是南湖岛,又被称作蓬莱岛,岛上建有龙王庙,楼阁等庙宇建筑和万寿山遥遥相望,此处是观看昆明湖景的绝佳处所。桥的东边紧连着一座亭子,叫廓如亭,也名八角亭。亭子东北方向不远处,有一尊乌光铮亮的铜牛平卧在一个雕石座上,铜牛昂首眺望湖面,双目有神,形态逼真。安设铜牛的目的,据说是为了镇水。不过,铜牛与桥相对,同时也形成了园中"犀牛望月"的美景。从此处沿着堤岸,一路蜿蜒而去,绿树成荫,景色秀丽。从东堤上看去,长桥、铜牛、廓如亭与楼阁相依的小岛、湖面,形成了一幅无比美丽的园林景观图。

　　扬州瘦西湖上有一座造型别致的桥,叫五亭桥,始建于清代乾隆二十二年,是为了迎接乾隆二下江南修造的。桥的建筑形制独特,体现了扬州能工巧匠们的奇思妙想,设计者独出心裁,将北京北海公园内五龙亭的形制和颐和园十七孔桥的形式巧妙地结合在一起,既有模仿,又有创新。桥的平面呈"工"字形,桥墩由大块的青石砌筑而成,石缝之间以石灰和糯米汁黏合,非常牢固。正桥两边有石阶梯可上桥,正桥的左右两侧四个桥墩,互相对称,构成了五亭桥的四个翼角。桥下正面、侧面共有十五个桥洞,桥洞大小不一。桥面上建有五座具有南方特色的亭子,中间的亭子略高,重檐,四角攒尖顶,上面铺有黄色琉璃瓦,天花藻井,色彩绚丽。四角的亭子是单檐,形制相同,上面设有宝顶。五亭群聚于一桥,亭间有走廊相通。聪明的工匠巧妙构思,将桥与亭结合在一起,形成了完美和谐的组合。桥面周围有石栏杆,栏板上刻有海棠花瓣图案,望柱上雕有石狮。此桥建在莲性寺的莲花堤上,桥上五座亭子错综排列,像一朵盛开的莲花,因此又叫莲花桥。

图176　扬州瘦西湖五亭桥

　　风格独特的五亭桥是瘦西湖上一处有名的胜景,像瘦西湖的一条腰带。《扬州览胜录》中对五亭桥优美独特的形式与美景有过描述：

> 上建五亭，下列四翼，桥洞正侧，凡十有五。三五之夕，皓魄当空，每洞各衔一月，计十五洞，共得十五月，金色晃漾，众月增辉，倒悬波心，不可捉摸。

五亭桥四时景色宜人，桥下碧波荡漾，岸边垂柳袅娜多姿，桥的周围还有莲性寺、寿安寺、白塔、凫庄等景点环绕。坐在小船上，从桥下穿过，荡游湖中，放眼四望，不觉沉醉其中，真是"舟行碧波上，人在画中游"。中秋游湖赏月，即可看到五亭桥十五个桥洞中每个洞中都有一个月亮，众月争辉、倒映湖中的奇异景观。对此，清人黄惺庵曾写词称赞："扬州好，高跨五亭桥，面面清波涵月镜，头头空洞过云桡，夜听玉人箫。"

图177　网师园小拱桥

园林中的桥形制多样，因方便游览、点缀风景的需要，可大可小、可直可曲、可高可低，灵活多变。许多小巧别致的园林小桥，都经过造园家的精心设计，是他们匠心独运的结果。苏州网师园内有一座小石拱桥，叫引静桥。网师园是江南小园中的经典，它的营建可谓在咫尺之地出妙境，适应小空间的需要，常在一花一草、一亭一桥的培育和构建中，独出机杼，营造绝妙佳境。引静桥即是如此。小桥在彩霞池东南的水湾处，凌空越过盘涧，全长仅两米多，呈弓形，俗称"三步桥"，意谓游人到此，三步即可跨越。引静桥用金山石砌成,体态小,构件全,桥面两侧有石栏,石栏随桥面向两端弯曲,桥面正中刻有圆形牡丹浮雕纹饰,两边有石阶,沿着石阶过桥者,不由会放慢脚步,即使三步能过桥者,也知道,此处适合细看赏玩,步履匆匆,急不可耐,则有伤风雅。小桥下碧水如镜,桥身藤萝缠绕。这座造型优美的袖珍小桥,就像一件桥梁的工艺品,吸引着游园者,不由令人生出喜爱之情。小桥两头花街铺地,衔接自然雅致,盘涧蜿蜒曲折,两岸假山耸立、岩崖陡峭,此处风景秀丽,小桥佳构乃是点睛之笔。园林小空间小跨度处,常用小平板桥,引静桥却不落俗套,精心构建出了一座精致的小拱桥,与周边景点配置得宜。拨开桥南繁茂的藤条枝叶,可以看到涧壁上刻有"盘涧"两个大字,相传是宋代所刻。溯流而上,涧溪上有一小巧水闸,岸边立有一石,上书"待潮"。"待潮""盘涧""引静"三名道出了园主构景的巧思和高雅情趣。

曲桥是园林中常用的桥梁形式,如果只为交通,则直桥经济、便捷,点缀风景,增加情趣,则曲桥别胜一筹。曲桥,顾名思义,即桥面弯弯曲曲向前延伸,人行其上,拐来拐去,延长了游观行程,变换了观景视点,丰富了园林空间。其中的九曲桥,蕴含弯曲最多,最为吉祥的意思。上海秋霞圃有一座三折曲桥,跨在池上,过桥就是屏山堂的入口。三曲桥形体瘦长,长9米多,仅容一人通过,每折桥面由两条狭长的石条拼合而成,石条两侧雕刻的是圆形

图178 瘦西湖二十四桥景(拱桥、曲桥相连)

寿字和蝙蝠图案。两侧有八个石望柱，分布在桥头和每折转弯的地方，桥端的柱头上雕有倒覆的莲蓬装饰，中间每个柱头上都雕刻石狮，四头狮子形态不一，生动逼真。随桥而行，视点改变，风景随之不同，达到了移步换景的效果。桥东屏山堂开门迎客，堂前古木参天，枝繁叶茂，池边岸上花木成簇，富有生机。低头俯视，桥下池中鱼儿往来嬉戏，不亦乐乎，一片佳景，令游客赏心悦目。"景莫妙于曲"，园林中曲桥甚多，杭州西湖、上海豫园、浙江绮园、扬州瘦西湖等名园中，皆有曲桥可寻、美景可赏。

奇思巧构不只表现在园林桥中，陆地上、江河中、有山有水有险阻的地方，处处都能发现构形精美的古桥。能工巧匠们的智慧和巧思不仅体现在桥的形状上，同时还将桥与其他建筑形式结合，组成形形色色的古桥艺术珍品。广西三江的程阳桥、四川泸州的龙脑桥、太原晋祠的鱼沼飞梁、桂林的花桥、河北的赵州桥等都是造桥专家和匠师们智慧的结晶。多种多样造型优美的桥与自然山水、四时风物等一起勾画出美丽的景观图画，杭州的断桥晴雪、西堤六桥，西安的灞桥风雪，北京的卢沟晓月，扬州的二十四桥景等桥梁美景典范，常常使人流连忘返。

图179　桥梁景观

防御建筑固城池

一、建筑的防御功能

曾经看过一篇小童话,题目叫《变色房子》,说一只小兔造了一间房子,它把种子拌在泥土里,刷在房子上。春天,种子发芽了,绿油油的房子藏在绿叶里,狐狸看不见。秋天,小树结果了,金灿灿的房子藏在果子里,老虎看不见。因此,小兔住在变色的房子里,真快乐!童话故事虽然是虚构的,却可以发现其中蕴含着的人类对建筑功能的美好想象和理念,这所"天人合一"的房子,能够适应自然界的节律而改变,可以使"狐狸看不见""老虎看不见",为小兔子提供了一个安全的生活、居住空间。房子顺应自然节律的伪装效果,对于居住者具有很好的保护功能。

人类最早的建筑形式,不管是"巢"还是"穴",都是为了满足人类的生存、安全需求,是为人类提供保护和容纳身心的空间,这样一个与广袤无垠和充满未知的外界相对的空间形式,使人类获得了安全感。《圣经》中有一个诺亚方舟的故事,讲的是上帝造了亚当和夏娃,由于亚当和夏娃偷吃了禁果,被逐出了伊甸园。多年后,他们有了后代,后代越生越多,逐渐遍布大地。但是这些人类却道德败坏,残暴、仇恨和嫉妒充满人世间,人类之间甚至相互残杀。只有诺亚品德良好,在当时是一个完人。上帝看到人类的罪恶,非常愤怒,决定用滔天洪水毁灭这个已经败坏的人类世界,但是却想让诺亚一家在洪水灾难中生存下来。于是上帝吩咐诺亚用歌斐木建造一艘方舟,要一间一间地造,里外涂抹上松香。方舟要分上中下三层来造,上边要有透光的窗户,旁边要开门。诺亚就按照上帝的吩咐打造方舟,方舟造好后,诺亚一家和飞禽走兽都进了方舟。七天后,洪水泛滥,暴雨一连下了四十天,世界上最高的山峰都比水面低7米,其他的人类和动植物都遭遇了灭顶之灾,只有进入方舟的诺亚一家和那些飞禽走兽在毁灭性的大灾难中幸存了下来。这虽然是一个传说,但是却蕴含了人类对自然灾害的莫名恐惧以及极力应对的方式。滔天洪水中的方舟是人类灾难与自我防护的隐喻式表达,方舟是人类一直以来寻求的保护自己的一个安全空间。

在人类历史和日常生活中,并不必然要面对世界毁灭这样的灭顶之灾,但是,面对强大的不可估量的自然界,猛兽虫豸、洪水暴雨、异族入侵等不安全因素一直困扰着人类,于是人类通过建筑来保护自己,防御外在侵害。虽然越到后来,建筑越来越精美,在城市中,某些过分炫美、炫富的建筑,似乎远离了建筑保护人类的基本功能。但究其根本,贯穿人类漫长的建筑史,为人类提供安全的空间、对抗外界不可知的危险这一建筑的基本功能几乎没有变过。时至今日,浩渺宇宙和大自然给人的不安全感还一直促使人们去尝试建造各种各样灾难情境下的避难所。其中,美国人拉里·霍尔正在堪萨斯州大草原设计建造的"世界末日避难所"十分豪华,这座避难所是由运载火箭的地下发射井改造的,深入地下53米,建筑中对可以抵御核武器袭击的混凝土火箭发射井进一步进行了加固处理,地下的建筑物被分成十四层,其中的七层是公寓式套房。套房内有厨房、餐厅,还有起居室等。安在墙壁上的巨大电子屏幕可看作窗户,从那里可以看到巴黎、纽约等地的景观以及阳光、沙滩等美景。避难所内还将建造图书馆、电影院、游泳池、学校和医疗中心,另外还有一个室内农场,可以养鱼、种植蔬菜。避难所内储存的粮食

图180 "世界末日避难所"建筑设计构想图

可供70人食用5年。避难所建造的目的是让居住者在太阳耀斑、恐怖袭击等世界大灾难中能够安全脱离危险。当然避难所中豪华套房的主人都是能够买得起这些房子的超级富翁们。世界各地还有各种各样的避难所出现，这些避难所如同现代版的"诺亚方舟"，是人们为应对世界大灾难而设计的建筑物，其中的"末日避难所"是人类对建筑防御保护功能的极致发挥，渗透着人们对建筑防御无所不能的美好想象。

保护防御是古代建筑的重要功能，大部分建筑修建时都要考虑到防御保护的功能。民居院落、宫殿、寺庙等单体建筑莫不如此。富家大户围合庭院的高大围墙，是最基本的防御型建筑，另外还有门楼、碉堡等都是为了防御外来侵害而建造的。就是一般平民的小院落，也要围合得严实，给居住者足够的安全感。城市的规划设计则更加注重军事防御的因素，不管是以天子九五之尊修建的都城，还是一般的地方城市，都很重视城市的防御功能。

古代城市的起源和人类开始择地定居的生活方式有关，定居的生活方式形成了聚落，一个聚落在修建筑物时，防御保护的功能就被充分重视。我国城市的起源一般经过了"村落—城堡—城市"三个基本阶段。司马迁曾记载尧舜时代一座城市的兴建过程："一年而所居成聚，二年成邑，三年成都。"这句话也说明了城市起源从人类聚集的村落，发展到小的城镇，再成为大都市的发展过程。苏洵《六国论》说："小则获邑，大则得城。"可知，和城相比，邑的规模要小。古人筑城，最初和战争的出现有密切关系。早在父系氏族时期，就有了私有财产，随着财产的累积，以掠夺财富为目的的战争就发生了，有外部的掠夺行为，必然有一个群落的反掠夺。为了保护本部落的财富和人口不被抢走，提高部落的生存能力，于是城郭沟池等防御性的建筑便出现了。我国古代文献中不乏对五帝时期开始修建城池的记载。《淮南子·原道训》中说："黄帝始立城邑以居。"《吴越春秋》记载："鲧筑城以卫君，造郭以守民，此城郭之始也。"《博物志》中则说："禹作三城，强者攻，弱者守，敌者战。城郭又自禹作也。"《墨子·七患》中也说："城者，所以自守也。"由此，可以看出，当时出现的城池建筑其防御性的功能非常突出。防御功能在历代的城市建设中都是不可忽略的因素。

城市保护居民的防御性功能一直是城市建造者要考虑的重要因素，一些主要以军事防守为目的的边关城市更是如此。始建于明宣德三年（公元1428年）的兴城古城就是一座位于边防重地的古代城池，明代初建的时候叫宁远卫城，清代重修，改名为宁远州城。兴城古城位于辽宁葫芦岛兴城市区，此处是辽西走廊中部的咽喉之地，也是辽东地区通往中原的交通要道，由此成为历代兵家必争之地。明朝有名的大将袁崇焕曾驻守于此,以不足两万人的兵力击败努尔哈赤和皇太极的两次进攻,史称"宁远大捷"。作为山海关外明代的军事重镇,古城是一座正方形的卫城,建筑规划非常符合战争防守的需要。四面都有厚厚的城墙,外用青砖、内垒巨型块石、中间夹夯黄土砌成,高约8.8米,每面城墙长约880米。城墙上各有两层楼阁和围廊式箭楼,每个楼阁和箭楼都带有砌成坡形的登道,城墙四角都筑有突出于墙角的炮台,用来架设红夷大炮。城墙的四面都设有城门,东边的叫春和门,西边的叫永宁门,南边的是延辉门,北边的是威远门,城门外各有半圆形的瓮城。瓮城的建造也是为了更好地实现城市的防御功能。也就是说,瓮城就是为了加强城堡的防守,在城门外(也有在城门内侧的)修建的半圆形或方形的护门小城。战时,如果敌人进入瓮城,守军关闭主城门和瓮城城门以后,就如同"瓮中捉鳖",手到擒来。古城内的东、西、南、北大街相交成十字形,正中心有一座高17米多的钟鼓楼,战时用来击鼓进军,鼓舞士气,平时用来报晓更辰。

防御性功能决定了我国城市的一些基本格局和平面布局方式,比如"内城外郭"及"皇城、内城、外城"这样城外有城的布局方式,以及城墙、护城河等建筑样式的存在。在几千年的城市建设中,曾经出现的军事城、军粮城、战城、观城等本身就是防御性工程。可以说,古代在修建每一座城市时,构筑坚固的城防体系都是十分重要的工程,城墙、城门、门楼、垛口、敌台、马面、瓮城、护城河、吊桥等构成完整配套的防御建筑体系,确保了城池的坚固,为城内的居住者提供安全的保障。

二、绵延周回的古城墙

城墙是古代城市重要的防御性建筑,同时也被看作是中国古代城市的标志性符号。有一位英国人在其著作《中国建筑》中写了他对中国城市特色的认识:

> 城墙,围墙,来来去去都是墙,构成每一个中国城市的框架。它们围绕着它,它们分割它成为地段和组合体,它们比任何其它建筑物更能标志出中国共同体的基本特色。在中国没有一个真正的城市是没有围墙所围绕的,这就是中国人何以名副其实地将城市称作"城",没有城墙的城市,正如没有屋顶的房屋,再也没有别的事情比此更令人不可思议

了。①

事实的确如此,中国的传统建筑离不开围墙,住宅有院墙,城市里坊中也有围墙,宫城、园林都少不了墙,近三千座古代城池遗址,几乎都有城墙环绕。有些城市的城墙还不止一道,西安、北京、南京等古都,城墙由内到外宫城、皇城、内城、外城一圈圈围绕,使得位于中心的宫城更为安全。

哪座古城遗址的城墙是最早的城墙? 具体修建于何时? 这样的问题不好确切回答。不过,简单说来,城墙最初的源头就来源于人们把自己所造的建筑物圈起来的做法,这样就形成了封闭性的空间,为自身提供安全保障。房屋的墙壁和围合院落的墙体都起着阻断内外的防御作用。原始社会时期的聚落中,已有围合整个村落的壕沟出现。城市产生以后,自然也会被围圈起来。围圈城市的建筑,有的是木栅栏,有的用石头垒成,有的用夯土筑成,还有的就像早期聚落一样,围绕城市的建筑群挖一条深沟。这些形式各样的建筑就是古代城墙的雏形。此后城市建设中历代都大量修建城墙,甚至还发展出用墙围合一个国家或其边界的做法,比如,历朝历代修建的长城就是大的围墙,试图将整个国家围起来,抵御外来侵扰。于是,就形成了从国家到都城,以及县城等地方性城市都用墙围合的建筑景观。这种建筑景观的形成还和传统文化思想有一定的关系。古代占主导地位的儒家思想尊崇传统,排外畏变,具有内向性和封闭性的思想观念,围合起来的城市空间正好是封闭和内向的。

城墙修建的主要作用是军事防御。《辞海》中对城墙的解释是:"指旧时为应对战争,使用土木、砖石的材料,在城邑四周建设的用于防御的障碍性建筑。"美国学者刘易斯·芒福德在论及城墙的作用时说:

> 城墙的作用无非在于以下两个方面:一是作为军事防御,另一个就是对城里的居民进行有效的统辖。从美学观点来看,城墙把城市和乡村分割成截然不同的两部分;而从社会的观点来看,城墙则突出了城里人同城外人的差别,突出了开阔的田野同完全封闭的城市二者的差别。开阔的田野会受到野兽、流寇和入侵军队的骚扰,而在封闭的城市中的人们则可以安全地工作和休息,即使在战祸时期也如此。加之有了城市内部的水源和丰富的谷物储备,这种安全感可以说是绝对的了。②

①〔英〕沙尔安:《中国建筑》,转引自刘天华《巧构奇筑》,沈阳:辽宁教育出版社,1990年版,第230页。

②〔美〕刘易斯·芒福德:《城市发展史》,宋俊岭、倪文彦译,北京:中国建筑工业出版社,2005年版,第72页。

尽管城墙的作用可以从不同角度认识,但防御保护居民还是最为重要的。中国古代的战争夸张一点说,就是城墙上的战争,攻城、守城大都是城墙上的较量。守城者想方设法提高城墙的防御能力,在高大坚固的城墙面前,攻城者总体来说处于弱势,城墙足够的高度、厚度,都不会被轻易攻破,在历代修建中不断完善的城墙建筑形制也更加有利于防守,而且城墙上居高临下的位置利于守城士兵作战。攻城者不管是利用云梯等翻越城墙,还是在城墙下面开挖隧道等破坏城墙,都面临巨大困难。城墙上的较量,是双方耐力、智慧、眼光、实战水平等的全面展现,一场战争过后,无论是守城胜利,还是攻城胜利,城墙上下内外想必都是尸骨累累,因此就有"一寸城墙一寸血"的说法。李渔曾说:"然国之宜固者城池,城池固而国始固;家之宜坚者墙壁,墙壁坚而家始坚。"[①]从防御保护的意义上说,古城墙是决定成千上万人生死存亡的生命线,其作用怎么可能被轻视呢?

在肆虐的洪水面前,城墙还具有防洪作用。对于一些建在容易暴发洪水、常常受到洪水侵袭地区的城市来说,古城墙成为牢固的防洪大堤。据记载,黄河在开封一带自金以来决口三百七十多次,而开封市被洪水围困十五次,洪水进入城内只有四次,开封古城墙的防洪作用不言而喻。民国二十三年,荆州古城遭遇洪水,由于六座城门紧闭,洪水被挡在城墙之外,整个城池,滴水不漏,在一片汪洋之中,荆州城宛如一座孤岛。由于考虑到防洪功能,一些古城墙的建筑形状也随之发生变化。安徽寿县的古城墙不仅用作战争防御,防洪功能更是突出。现存古城墙的主体建于宋朝,历代又有修葺。明代为了加固墙基,沿城墙外用条石叠砌成一周护城石堤以防止城墙被洪水冲坏。城墙原是用平砖砌筑的,新中国成立后为了防洪,将局部改为石块垒筑,近几年又用石条加固。由于洪水主要来自于东、西两面,因此,东西城墙因形就势在修建时向外凸出,形成拱形曲线。四个墙角修建成圆弧形,这样就可以分流洪水、减缓水流对墙体的冲击。古城的四个门均有瓮城,每个城门和瓮城城门相互错开,一旦洪水冲破瓮城城门,也不会直冲内城门,冲击到的是对面的墙体。沿着城墙内侧还修有一条环城道路,既可以在战时布防用兵,运输粮草弹药,又能在抗洪抢险时,紧急疏散民众。城内东北角、西北角原来建有涵洞,通向城外,在城外的涵口上面建有月坝,同城墙一样高。这一水利设施,平时便于排除城内积水,洪水来时,又可以自动关闭涵口闸门,防止洪水倒灌入城。至今古城墙仍发挥着作用,1991年,古城抵御了百年不遇的特大洪水,保护了城内十多万人的生命财产安全。寿

①李渔:《闲情偶寄》,杭州:浙江古籍出版社,1985年版,第167页。

县古城墙可谓是历代修葺完善的防洪杰作。

图181　寿县古城墙西北角

国内最早的城墙遗址距今约6000至4800年。湖南澧县城头山遗址发现的屈家岭文化时期古城遗址,就有夯土城墙,城墙上共有东南西北四座城门。后来的仰韶文化时期、龙山文化时期都出现城墙。唐代以前的城墙都是用土夯筑成的,这种筑墙的传统办法叫板筑,就是用圆木或者木板四面固定成夹板,夹板中空的形状要和所筑的墙体形状一致,然后在夹板中填土,然后用工具把一层层的土砸实。《诗经·大雅》中有一首叫《绵》的诗歌,是周人对其祖先定居岐山时情形的记述。其中就提到了板筑的方法和场景:

乃召司空,乃召司徒,俾立室家。其绳则直,缩版以载,作庙翼翼。捄之陾陾,度之薨薨,筑之登登,削屡冯冯。百堵皆兴,鼛鼓弗胜。[①]

意思是说,叫来司空和司徒,吩咐他们造房屋。拉紧绳子吊直线,竖起木桩固定筑墙的夹板,要造一座庄严巍峨的大庙宇。框笼多多装满土,往夹板中填土轰轰响。"登登登"是捣土夯实的声音,"凭凭凭"是去掉夹板削平墙面凸起部分使其平整的声音。许多房屋同时修建夯筑的时候,声音大到连助威加油的擂大鼓的声音都听不到了。象声词的运用使夯筑的场面如在眼前,非常壮观。河南偃师二里头遗址中修建宫殿基址、房屋墙体等已经采用了板筑的方法,以后历代的城墙修建几乎都要采用。夯筑城墙时,用的是当地的黑土或黄土,一层层往上打,每层约15厘米的厚度。

---

① 程俊英、蒋见元:《诗经注析》,北京:中华书局,1991年版,第762页。

唐代的城墙仍然采用夯土构筑,只是在城门处与城墙转角处包砖,进一步加固,提高防御性。唐代大明宫的宫墙就是用夯土筑成的,墙底厚10.5米,只有宫门和宫墙转角等少数地段在表面砌砖。这座宫城的东、北、西三面还有夹城也是用夯土筑成。宋朝时,逐渐开始在墙体的外表包砖。明朝更加重视各个城市城墙的修筑,曾有"唐修塔,明修圈,大清修佛殿"的说法。明朝开国皇帝朱元璋奉行"高筑墙、广积粮、缓称王"的政策,不仅将都城南京的城垣修得极为坚固,另外还在各地广修城墙,现在留存的较为完整的古城墙,多为明代修建。明代的城墙有些全用砖砌,有些是在夯土城墙的外表加砖。修建明南京城的城墙时,朱元璋曾经下令让长江中下游各省的一百二十多个府县的百姓按照特定的规格烧制城砖,为了明确责任,保证质量,每块砖上都印着造砖之人和监造官员的姓名。每块砖平均长40厘米,宽20厘米,厚10厘米,重量在20公斤上下。筑墙时,以花岗岩作为墙基,在砖缝中灌入桐油、糯米浆和石灰汁,以保城墙牢固耐久。京城的外边还有一道利用自然地形筑就的城垣,这圈长达90公里的城墙,除设门地段用砖砌成,其余部分都是利用自然山势用土石垒成,所以也叫"土城头"。明代以后砖砌筑墙就很普遍了。

图182　南京明城墙

　　宋代的《营造法式》中对筑墙的形制有要求:"筑墙之制,每墙厚三尺,则高九尺,其上斜收,比厚减半。若高增三尺,则厚加一尺,减亦如此。"城墙修建的厚度上下并不一样,而是从墙基到顶部依次内收,城墙的断面呈梯形。城墙的防御作用,并不是只靠一条单纯的墙体就能实现的,沿着城墙还建有一系列的其他建筑,保证城墙成为完善的防御建筑。城墙顶部两侧或一侧建有低矮的小墙,宛如墙顶上道路的防护栏,叫女墙,也称女儿墙、女垛、箭垛。外侧的矮墙一般呈凹凸形状,凹下去的缺口可用来瞭望射击,凸出的墙体中间常有射孔,用于防御。《古今注》载:"女墙者,一名睥睨,言于城上窥人也。"关于女儿墙的出现有一个传说:古代一个砌墙的工匠,由于工作忙,只好把年幼的女儿带在身边,一天在屋顶砌筑时,女儿不慎坠落身亡。匠人伤心欲绝,以后就在屋顶砌筑一圈矮墙,防止悲剧再次发生,后来人们就将建筑物上的这类矮墙称为"女儿墙"。传说虽然不能当真,不过传说倒是讲出了女墙的保护作用。宋代《营造法式》说:"言其卑小,比之于城若女子之于丈夫",指的就是城墙上边凸起的矮墙。承载城楼的城墙处加宽叫城台,城台之下是城门,城台之上建高大的城楼。城楼可以窥视敌人,留有洞眼,也可以在战时射箭、打枪。城墙的转角处也会加厚,上面建有角楼。角楼平面常是方形或圆形,用来提高转角处的防御能力。城墙上外侧每隔几十米不等有凸出的墩台,叫马面,因外观狭长,上大下小,就像马脸,故名。马面的左右两侧和外侧都有垛口,因此可以从三面打击攻城者。凸出外墙体的马面可以消除防御的死角,因为"城墙正面不便俯视,恐其矢弹正面进攻,不敢眺望"。当敌人逼近城下,城墙正面不宜攻击,有了凸出的马面墩台,就可以从马面上看清敌人,两面夹击,所以两个马面墩台的距离一般要在能够控制的射程之内。马面上建有敌楼,常常驻兵防守。城墙里侧还建有马道,是为人们登上城墙用的。有些古城墙只有外侧有墙面,拔地而起,里面不做墙面,而是斜的土坡,一方面可以节省砖石,另一方面,战争和防洪时,城内的人们可以迅速从四面八方登上城墙。

图183 古城墙上凸出的马面

西安古城墙是现存的最为完整的大型城垣,其形制及相关的一系列建筑,是古代城墙作为防御建筑体系的现身说法。现存城墙是明朝时期在唐代和元代城墙的基础上修建的。城墙总体呈长方形,南面、北面的城墙长,东西两面的城墙短,总周长13.7公里。墙高12米,底宽15～18米,墙顶宽12～14米,城墙的厚度大于高度,稳固如山,宽阔的墙顶道路可练兵、跑车,畅通无阻。明朝时有四座城门:东长乐门,西安定门,南永宁门,北安远门,每个城门由闸楼、箭楼和城楼三重组成。闸楼用于升降吊桥,在最外面;中间是箭楼,其正面和两侧有方形窗口,用于瞭望射箭;最里面是正楼,下面是城的正门。正楼巍峨壮观,高32米,长40米,是三层重檐歇山顶式,四角翘起,底层有回廊环绕。箭楼与正楼之间由墙围合起来,形成瓮城。城墙的四角都有突出的城台,西南角是圆弧形,其他三角都是方形,上面各有角楼一座。城墙每隔120米设有突出墙体的马面,上面建有敌楼,共有九十八座。城墙顶部外侧有剁墙,设有近六千个垛口,内侧的矮墙没有垛口。城墙上每隔40～50米还修有排水口。城墙最初是黄土分层夯筑的,底层用土、石灰和糯米汁水混合夯筑成,非常坚固。后来又在夯土城墙的内外壁和顶部用青砖包砌。除了瓮城中上下城头的马道外,城内还建有马道十一处。城外有宽阔的护城河环绕,正对城门的地方设有吊桥。西安古城墙是按照防御战略营建的,墙体、女墙、垛口、马面、敌楼、角楼、城楼、城门、瓮城、吊桥等完整的防御建筑体系将古城围合起来,形成一座防守严密的城堡。

图184　从城墙顶上看马面敌楼

三、环抱城垣的护城河

作为古代的城市防御建筑体系,城墙外一般都围有"护城河",也叫"城壕"。我们说的"城池"一词,就是城墙和护城河的合称。护城河是人工挖成的壕沟,里面注入水,形成河流,作为城墙外的又一道安全屏障。一些寺院和宫城外也有环绕的护城河。城墙高耸如山,护城河深入地表,高城深池,一正一负,从水平距离和垂直高度上,都加大了城市防护的范围。护城河一般是和城墙一起出现的,护城河挖出的土可以用来夯筑城墙,正所谓"开浚壕沟""垒土为城"。护城河除了战争防御功能外,还有排水、防洪的功能。护城河与城内有通道相连,下雨时,可将城内的雨水排出去,洪水来时,相当于一个临时水库,可以缓解水势,起到防洪的作用。另外,古代护城河也有交通运输的功能,护城河沿城墙修建,有些护城河还与外面的水系相通,可以行船运输。

城壕很早就出现了,在距今六千年前的半坡遗址中发现,半坡人在其聚落的周围挖有一条深沟,可以护卫村落,防止野兽入侵和别的部落袭击。这条周长约500米的深沟和后来护城河的形制一样,口部宽,为6～8米,底部窄,为1～3米,深约6米。沟的内沿比外沿高出大约1米,靠近居住区的沟壁坡度较大,外壁则接近陡直,这显然是为了加强防御,有意为之。据推测,挖掘修筑这条深沟,需要挖出近十万立方米的土,对于当时的人来说,无疑是十分浩大的工程。不过,这样的大围沟为生活在那个充满危险和忧患时代的人们圈出了一个相对安全的空间。挖掘大的围沟是古代大型聚落中普

图185　半坡遗址复原模型图

遍采用的防御办法。浙江玉架山发现了四千多年前的由六个相邻的环壕组成的良渚文化时期的完整聚落遗址,这些聚落延续了七八百年的时间。其中发掘出的最长的一条壕沟,平面基本呈正方形,壕沟边长134~155米,宽3~5米,最深处不超过1.3米,壕沟向北延伸的部分推测可能是与百米外的另两处遗址的水路相通。环壕里面有墓葬、建筑遗迹等。其余的环壕平面大致呈圆角方形,修壕沟时挖出的土,将环壕围起来的地方填高,形成高大的土台,可供人们居住和用作墓葬区。玉架山聚落遗址中的环壕具有防护功能,同时也可以提供生活用水并且有了交通运输的功能。史前文明聚落中的壕沟,就是后来城市中护城河的前身。

城市的存在离不开水,古代城市选址必须充分考虑水源问题,当城市依山傍水时,如果自然河道方便利用,有些城市就利用自然河道或者改造河道修成护城河。早在西周时期,鲁国曲阜城的建设就将自然河道和人工挖筑的城壕结合起来,形成防御工事。自然河道沫水从曲阜城墙的西北角流入,流经西北城墙的外围,从东北角流出,形成天然的一段护城河。东南城墙外是人工挖筑的城壕。战国时期,齐国都城临淄的城墙修筑蜿蜒曲折适应了自然地形,使得东边的淄河和西边的系水,正好形成城外东西两边的天然屏障。南北城墙外挖出了城壕,城壕与淄河、系水相通,组成了完整的护城河。城内有排水明渠,通过城墙下的排水口和护城河相通。临淄城的修建者将人工挖掘的排水渠、城壕与天然河流有机相连,充分利用了自然条件,节省了人力、物力,既实现了护城河的防御功能,又解决了城内的排水问题。

城市的规模、地位和自然条件决定了护城河的修建规模,从现存的护城河来看,其宽度从几十米到近百米不等。襄阳古城的护城河享有"天下第一城池"的美誉,是国内乃至世界上最宽的护城河。襄阳古城位于湖北省北部的汉水中游南岸,北城墙外是汉水,其余三面由宽阔的护城河环绕。历代不断拓宽、掘深,最终形成平均宽度180米,最宽处达到250米,周长5000多米的护城河。护城河水深2~3米,河面宽阔,就像平湖一样。襄阳水源富足,除了滔滔的汉水,古时还有襄水,不停地为护城河供给水源,才形成天下第一宽的护城河。襄阳名字的由来就和襄水有关。襄阳护城河有完善的排水系统。古时河道设有南北两道闸门,水位上涨时,关闭北闸,打开南闸,将已浑浊的水排入汉江;大水退时,则打开北闸,关闭南闸,把清水引入护城河。如此循环,保证了护城河一直有"源头活水",因此,襄阳护城河的水质非常好,遇到战争危机时,城内的部队和老百姓就直接饮用护城河的水。当城中居民越来越多时,为保证有足够的饮用水,加宽护城河就是很自然的事了。

襄阳地理位置特殊，易守难攻，所以从西周往下三千年的历史中，历代都是兵家必争之地。襄阳历史上发生的战争有史料记载的有二百多次，战争的得失关乎中原大局，尤其是政权南北对峙时，襄阳的地位更为重要。有人总结襄阳的军事地位说："襄阳为楚北大郡……代为重镇，故典午之东迁，赵宋之南渡，忠义之士，力争上游，必以襄阳为扼要；晋之平吴，元之伐宋，皆先取襄阳，为建瓴之势。"当北方的进攻者兵临城下，由于不善水战，面对被水环抱的军事重镇，只能望水兴叹。襄樊人也充分认识到了水的城防功能，充分地利用了水。护城河不断地在战争过后被掘深，加宽，不断整修。宋朝时，护城河并不是很宽，公元1206年，金人攻城，守城者赵淳还经常组织勇猛的士兵出城与金人鏖战，城墙上有弓弩手和大炮来掩护出城作战的部队，那时的护城河宽度在20米左右。南宋末年，吕文焕镇守襄阳时，襄阳经历了历史上持续六年的最为惨烈的战争。宋、元为了争夺长江之天险，展开大战，所向披靡的元军十多万人马抵达襄阳城下，元军主帅阿尔哈雅将指挥台设在距城东南2里处，指挥军队靠近城池，但仍无法攻破襄阳城，只能长期围困。经过长达六年的对峙，城内物资匮乏，救援遥遥无期，吕文焕无奈率部投降，襄阳城才算被攻破。宋元之战时，护城河宽度在百米左右，防御功能不言而喻。襄阳人民在战争中积累了防守经验，明清时期，根据军事防守和自然条件的改变，又多次拓宽、加修护城河，形成了现在的规模。古城的南门、东门、西门和城的东南角坐落于陆地交通要道上，是敌军进攻的重点，护城河挖得较宽。南门是由南向北的必经之地，周围地势开阔，更易被攻击，南门外的护城河段挖掘得也最宽。

图186　状若平湖的襄阳护城河

护城河一般是沿城墙修建的,河的形状大多由城墙的形状决定。不过,襄阳的护城河与城墙的关系却比较特殊,在某些地段,不是河随墙修,而是墙随河建,城东北新城墙就是这样修成的。明代以后,汉水河道有一些改变,于是在城墙西北角,即现在夫人城所处的地方地势凸起,河水在此以后流速变缓,泥沙慢慢沉积下来,在城东北一带淤积出大片沙土,使得这一段城墙离河道越来越远,不再临近水域。于是明朝政府便将城墙改道,新建了大北门,从此门向东,沿汉水到长门东北角就形成了一段新城墙。襄阳护城河中还修有环岛,环岛支撑了两段吊桥,便于人们在宽阔的护城河上通行。而且,环岛上还可以屯兵防守,相当于在护城河上又多了一道防御工程。历代修建的体系完善的护城河与古城墙一起形成了十分牢固的双层防御体系,城坚池阔,防守严密,故有"铁打的襄阳"之说。在堪称辽阔的护城河拱卫下,襄阳俨然是一座水上城市。

作为六朝古都的北京城,经过不同朝代对北京地区水系的改造、引用,到了明朝嘉靖年间围绕整个城墙形成了与城市平面布局相配套的"品"字形护城河。金中都和元大都城外都有护城河环绕,明朝军队攻克元大都后,为了加强防御能力,1371年把大都北城墙向南移了5里左右,将城北部较为空旷的地区划出了城外,然后,利用高粱河、积水潭作为新建的北城墙外的护城河。1419年又将元大都的南城墙向南移了1里左右,在新建的南城墙外开挖了护城河,即前三门护城河。东、西的护城河还沿用元大都时期的河道,只是随着城墙都向南延伸,与前三门护城河相通。后来,由于蒙古骑兵多次南下,袭扰京郊,为京城安全考虑,明朝政府在嘉靖三十二年(公元1553年)修建了包围南郊一面的外城。外城本打算要修一圈,包围整个内城,由于财力、物力和人力不足,只修了南面。嘉靖四十二年(公元1563年),又在外城挖出了南护城河,南护城河引用的水来自于西便门外的内护城河。各条护城河的水汇集到东便门,经过大通桥,流入通惠河。据新中国成立初期的测算,北京护城河全长41.19公里,南护城河长达15.48公里,前三门护城河长7.74公里,从西便门向北,经过西直门、德胜门,一直到东便门,围绕三面的护城河共长17.97公里。500多年的时间里,绵延40多公里的护城河,不仅护卫着都城的安全,而且还具有输水、排水、防洪的功能,其运输功能更是不能忽视。北京护城河的水来自于玉泉山和西山诸泉,经长河、玉渊潭等河道流入护城河,由于有"源头活水",护城河形成的水景,也成为百姓游乐、观光的场所。

如此规模的老北京护城河并没有保存下来,在大规模的现代城市建设中,护城河被改造、挤占、填埋等,现在存在的也只是一部分河段,一些有价值的河段都没有被保留下来。如今北京具有完整形制的是紫禁城外的护城河，这条全长3.5公里的护城河大部分是明朝挖凿的，当时护城河只围绕紫禁城的东、西、北三面，河岸用条石砌成，状若筒子，俗称筒子河。清朝乾隆年间，为了改变护城河南面无河的情况，命令工部修建了南面的护城河。护城河距宫墙20米，水面宽52米，深4.1米。四边的宫门处修有涵洞，将筒子河的四部分连通，筒子河水从西北方向流入，由东南方向流出。筒子河是紫禁城的第一道防线，护卫宫城，还有为宫城提供生活用水和救火的作用。1923年，故宫建福宫的大火就是用筒子河水扑灭的。据此，也就理解了"城门失火，殃及池鱼"的说法。据说，清代还在河中栽种莲藕，收获后供宫中使用，剩余的还可以卖出。有人回忆说：

> 小时候，太庙和社稷坛的筒子河里，都有荷花，我记得有一个老头子在太庙里住，白天用篙撑条木船，船上有个小棚子，你走到河边儿，老头把船就撑过来了，问你要不要莲蓬？要莲蓬，要哪个，他拔下来，用马莲一缠，就递给你，你给他一点儿钱。[1]

筒子河里种莲藕出售，看来实有其事，这无疑又为古老的护城河增添了市井温情。护城河不只为刀光剑影存在，而是有着更为丰富深厚的文化内涵。

图187　紫禁城东面的筒子河

防御建筑固城池
FANGYU JIANZHU GU CHENGCHI

---

① 王建、王小娜：《城市乐水行——故宫筒子河》，http://www.chinagev.org/index.php/greenpro/leshuixing/1856-leshuixinggugongtongzihe.

四、双重防御的城门、瓮城

由城墙与护城河围合起来的古代城市，是一个闭合的空间，要和外界沟通，就少不了城门。城门是穿越城墙进入城市、沟通内外的唯一通道。有了入口，城外的物资才能源源不断地输送到城中来，城市方可长久存在下去。城门和城墙是相互依存的，有学者曾这样比喻过城墙与城门的关系：

> 如果我们把它（北京城）比作一个巨人的身躯，城门好像巨人的嘴，其呼吸和说话皆经由此道，全城的生活脉搏都集中在城门处。由此出入的，不仅有大批车辆、行人和牲畜，还有人们的思想和愿望，希望和失望，以及象征死亡或崭新生活的丧礼和婚礼行列。在城门处你可以感受到全城的脉搏，以至全城的生命和意志通过这条狭道流动着——这种搏动，赋予北京这一极其复杂的有机体以生命和运动的节奏。①

为了出行方便，城市不能只开一个城门，城门的多少、大小、建筑形制等和一个城市的地位、规模、用途等密切相关。人类社会早期的城市面积比较小，城门也少，河南淮阳的平粮台古城占地面积5万多平方米，只设有南、北两座城门。另外一些防守型的城堡或者关城，考虑到战争防守的需要，修建的城门数量也较少。像嘉峪关关城，其中的内城有两座城门，便于防守御敌。湖北天门市的石家河古城占地面积较大，约120万平方公里，开设了四座城门。大多数地方性城市，像郡、州、县的城市，一般都是在东、西、南、北方向各开一门，也有些地方城市的城门多于四座。也有说法认为，城门数量因城市的政治地位而不同，都城每边开三门，北边常常开两门，府州城每边开二门，一般县城每边开一门。事实上，由于城市人口增多，面积扩大，城门的数量也会根据需要酌情增加。古代的都城地位至高无上，城门数会受到礼制思想的影响，《考工记》所描述的王城是方形城市，每边长9里，每一面开辟三门，共有十二座城门。西汉的长安城也遵循这一规制，开辟十二座城门，每面三座。东汉洛阳城也有十二座城门，只不过数量安排有了变化，北面二门，南面增加到了四门，其余两面都是三门。随着城市功能的变化，人们在尊崇礼制的前提下，也会灵活增减城门的数量。

都城是历代修建规模最大、最为繁华的城市，因此，城门的数量也相对较多。明南京城有四重，分别是外城、内城、皇城和宫城，外城有城门十八座，内城十三座，皇城有六座，宫城六座，内外共计有四十三座城门。"里十三，外十

①〔瑞典〕奥斯伍尔德·喜仁龙：《北京的城墙和城门》，许永全译，宋惕冰校，北京：北京燕山出版社，1985年版，第115页。

八"的说法指的就是南京城外城和内城城门的数量。民间顺口溜说:"神策金川仪凤门,怀远清凉到石城。三山聚宝连通济,洪武朝阳定太平",主要说的是内城的城门名。老北京城的城门也很多,有"内九外七皇城四"的说法。明朝北京也形成宫城、皇城、内城和外城四重城垣。"内九"指的是内城墙开辟的九座城门,其中南面三座城门,其余三面都是两座。"外七"是指外城周围的七座城门。"皇城四"指皇城四门:天安门、地安门、东安门、西安门,除了这四座门,皇城还开有其他城门。宫城有四座城门,东南西北依次为:东华门、午门、西华门、神武门。众多的城门使得城内可以四通八达通向城外,外边的资源从城门输入以供养京城。据说,老北京的各大城门各有不同的用途。内城正阳门是"国门",专供皇帝出入,平民不能走。崇文门又叫哈德门,是运酒的通道,又是收税的地方,过往商人都在此交税。宣武门外是菜市口刑场,囚车走此门。西直门城门洞上刻有水波纹,是走水车的,每天早晨从玉泉山运来的水,由此进入皇城。东直门是运木材、砖瓦的通道。朝阳门是运粮的通道,城门洞上刻有谷穗。阜成门是运煤通道,门洞顶上刻的梅花,即表示"煤"的意思。北京西面门头沟所产的煤,就由此门运入城内。德胜门多走兵车,是军队得胜回朝时走的门。安定门是兵士出征时走的门,同时也是走粪车的通道。皇城四门当然是文武百官进出宫廷的通道,外城七门才是供老百姓进出城门的通道。

　　城门开在城墙的某个位置,它与城墙是连为一体的。城门处的城墙夯筑得比较厚,由于厚度加大,城门处的城墙一侧或两侧会突出于平直的城墙,形成城台。夯筑城台时,要留出城门洞。城门洞是进出城市的通道,现在在北京和其他一些城市看到的古城门洞,基本都是半圆形的,叫作券门洞。券门洞夯筑时,先在下部做出架子空成半圆形门洞的形状,其他部位继续夯土,直到城门的墩台夯成。券门洞在元代之前已经出现,主要在一些房屋和墓室中使用,汉墓中的拱券门是用砖砌成的。元朝时城门洞才开始大量修建成券门洞。南北朝以前的城门洞是方形的,门洞上用木梁支撑,防火性比较差。唐宋时期的门洞做成圭角形,洞顶是中间平两边斜的三折形,还是用木梁支撑门洞。元代尤其是明清以后,城门洞普遍用砖砌,做成半圆形的门道,门洞口的木梁、立柱等全部取消,砖砌的拱形城门洞与墙体连成一体,既坚固耐久又利于防火。古代城门的门洞从一个到五个不等,主要的城门上常有三个门洞,也有五个门洞的,比如唐长安城南墙的正门明德门就有五个门洞。门洞增加,相应的墩台和城楼的体积也要增大。古代城市一般都有门禁制度,各城门早上打开,夜间关闭,城门关闭后,城内空间变封闭了，同时城市也相对安全了。要使城市安全，城门洞安设的大门就很重要，明南京的各道城门都设有内外两门，外门是从城头放下来的千斤闸，里门是木制外包铁皮的两扇大门，上面有铁钉加固。

城门墩台上修有城楼，两边与城墙相连。城楼是城门的标志，因此要体量巨大、雄伟壮观。城楼居高临下，可以瞭望，观察四方情况，守城将领在此指挥，就能眼观全局，看清敌人，调兵布阵。另外，城楼又是射击据点，从里面可以打枪、射箭。根据城门的地位和大小，城楼的规格也有差别。北京的老城门上都建有城楼，内城的城楼一般都是面阔五间或七间，进深三间或五间，城楼分上下两层，第一层是单檐，第二层是重檐歇山顶式。外城的城楼比内城城楼矮小，其中最高大的是南面的永定门门楼，上下两层，面阔七间，进深三间，接下来是广安门，其余的几个门楼只有一层，采用单檐歇山顶式，较为低矮，东便门、西便门的门楼则更小、更简单。正阳门是老北京的国门，处在正南方，是内城中规格最高的门。正阳门原名叫丽正门，因为在皇城的正前方，所以俗称前门，处在北京城南北中轴线上。正阳门的城台高13.2米，城台上的两层城楼高27.76米，采用重檐歇山顶式，城楼面阔七间，共长41米，进深三间，共21米，上、下层的四面都有门，周围都有回廊环绕。城楼正下方的城台上只有一个拱形城门洞，里面设有千斤闸。老北京俗谚云："前门楼子九丈九，王口花炮响上头""前门楼子九丈九，九个胡同九棵柳"，说出了正阳门的高大雄伟及其在老北京城中举足轻重的地位。

图188　1900年烧毁前的正阳门城楼

为了改变城门口成为军事防御薄弱部位的局面,古城修建者不会将城门和楼直接暴露在外面,而是在城门外再修一座瓮城,为城市门户再增加一道保护屏障,提高城门的防御能力。瓮城也叫月城、曲池,是中国古代城池特有的防御建筑。它一般建在城楼之外,墙体与城楼的墙体连在一起,在城门前的三面围合成一个小的城堡,主要目的就是加强城门处的防卫。平面形状根据地形有方形、圆形,还有梯形或者半圆形的。《武经总要前集·守城》记载:"其城外瓮城,或圆或方。视地形为之,高厚与城等,惟偏开一门,左右各随其便。"最早的瓮城何时出现,尚说不清楚。根据文献和考古结果看,汉朝的都城虽然没有发现瓮城遗址,但是两汉北方塞外的边城却已建有瓮城。宋代建筑瓮城的城市已经很多了,东京汴梁的城门外都建有瓮城,而且瓮城不止一重。《东京梦华录》记载:"东都外城方圆四十余里……城门皆瓮城三重,屈曲开门。唯南薰门、新郑门、新宋门、封丘门皆直门二重。盖此系四正门,皆留御路故也。"明代的城市多建瓮城,明北京的各个城门外都有瓮城。一般城市瓮城的门道不会开在和主城门正对的方向,一些都城瓮城门道开在和主城门相对的一条直线上,是为了让皇家车马迅速通过。这个门道不常打开,比如正阳门正对的箭楼下的瓮城门洞,就是专门的御道,供皇帝进出。瓮城的门常开在侧面,与城门呈90度夹角,或者在方位上错开,与主城门曲折相通。这样更利于防守,当敌人进入瓮城后,不会直逼城门。当各门关闭,敌人被困在翁城里,四面围攻时,就如瓮中捉鳖。

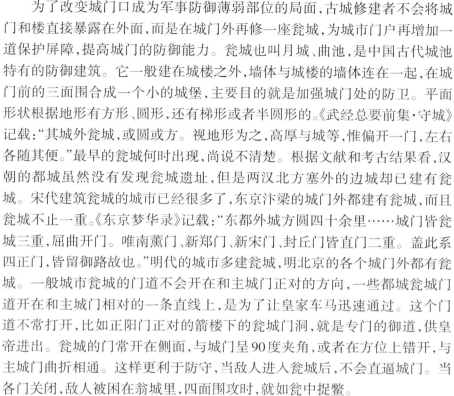

图189　平遥古城城门外的瓮城

瓮城与城门正对的一侧城墙上，往往修有箭楼。箭楼处在城市防御的最前沿，建筑形制几乎完全是为了适应战争防御需要，主要城门的箭楼也要高大雄伟，能够居高临下远望敌情，为了方便射击，增强单位空间内的御敌火力，箭楼通体都布满了射箭的窗孔。北京正阳门的箭楼建在正对着正阳门城楼的瓮城墙上，箭楼是砖砌的，采用重檐歇山顶式，共有四层，高24米。面阔七间，宽62米，东、南、西三面开有箭窗，南面每层13个，四层共52个箭窗，东、西两面各有21个箭窗，箭楼上一共设有94个箭窗。北面靠近瓮城内侧，建有向北突出于主建筑的五开间房屋，是为抱厦，宽42米，中间设有三座方形的门，还建有登城马道。箭楼下的城台高12米，城台正中开有拱形门洞，是内城九门中唯一在箭楼下开挖门洞的城门，门洞专门供皇帝进出，是为御道，老百姓不能走。门洞里有两重门，前面设有千斤闸，是古代名城中最大的千斤闸。后面一道是铁皮围包的实木大门，上面布满铁钉以加固。关于箭楼的修建，还有一个传说。说明朝始建箭楼，永乐皇帝来视察，发现正阳门箭楼楼顶并不像他期望的那样宏丽壮观，于是龙颜大怒，要求一个月内将箭楼改建得高大气派。工匠们左思右想，无计可施。有一天，一个穿着破破烂烂的老木匠前来要求给他的咸菜加点盐。此后几天，天天如此。终于有一天，一个工匠恍然大悟，老人所说的添"盐"不就是给楼顶添"檐"的意思吗？于是，工匠们就给箭楼添加了一周的飞檐，使得本来有点光秃秃的箭楼顿然生辉，变得高大巍峨。永乐皇帝见到后，也赞为神来之笔。

图190　清末重建后的正阳门箭楼

工匠们再找那位老木匠时,却不见了。原来老木匠是鲁班先师显灵来点化他们,帮他们渡过了难关。由此传说可以看出,箭楼修建时就已考虑到体量上的雄伟,不仅凸显皇家国门的威仪,还具有震慑敌人的作用。

箭楼与正阳门的城楼之间由城墙围合的空间就是瓮城,瓮城南北长108米,东西宽88米,南边的城墙呈弧形。正阳门的瓮城东西两侧都开有门,门洞也是券门洞。俗谚:"前门楼子九丈九,四门三桥五牌楼","四门"中就包括东、西瓮城门,再加上主城门和箭楼下的门洞。修建在瓮城城门之上的是闸楼,闸楼建筑以瓮城门洞为核心的建筑物,就像是迷你型的箭楼,闸楼也是三面都有箭窗,闸楼门洞没有门扇,只有可以从闸楼内控制能够放下或吊起的千斤闸来决定瓮城门洞的开关。也有一些城市的瓮城只在一侧开门,而且不带闸楼,只开挖门洞。

图191　正阳门全景(左为箭楼,中间为东西闸楼,右为城楼)

老北京的相邻两座城门,瓮城门一般两两相对而开,上面的闸楼也遥相互望。当然也有例外情况,内城北面德胜门和安定门的闸楼都在东侧,瓮城门没有相对,而是选择了同一方向。

明南京城的瓮城修建一反旧制,改变了历史上瓮城在城门外的一贯做法,而将瓮城修在主城门之内。内城的十三座城门中,七座城门建有瓮城,六座是内瓮城,只有神策门例外,修建的是外瓮城。南京瓮城的独特之处还表现在墙体上修筑了藏兵洞,拓宽了城门空间的容纳力,提高了城门的防御战斗能力。内城中的聚宝门,现在叫中华门,是规模较大、防御建筑设施最全的古城门。聚宝门位于城南,整个城门占地16512平方米,有四道城墙,形成三个内瓮城,使得聚宝门的平面看来像一个标准的"目"字。第一道城门的墩台下层两边各有三个藏兵洞,第二层有七个,三道瓮城东西城墙各建

219

有一条宽11米的斜坡式马道,用于将士登城,或者运送作战物资。左右马道城墙的侧面各有七个藏兵洞,总共二十七个藏兵洞,最大的一个藏兵洞占有面积310平方米。藏兵洞平时可以储存东西,也可供士兵们休息,战时能够伏兵三千多。古时外城台上建有城楼,里面的瓮城门上都有闸楼。四道城门均设有木门和千斤闸两重防守,再加上内瓮城和藏兵洞的创建,使得聚宝门成为古代城池防御的典范建筑。

明南京的通济门建筑也很有特色,它位于聚宝门的东面,在皇宫区的西南面,秦淮河的北面,是较为重

图192　南京聚宝门

要的交通要道。通济门也有城墙四道,形成三个瓮城,瓮城的三道城墙都是中间向外凸出,形成弧形,瓮城左右的城墙也是弧形,整个城门和瓮城的形状像一艘大船。和通济门遥遥相对的是西面的三山门,三山门的瓮城平面也是船型。这两座城门的位置正好是秦淮河的入城和出城之处,两门都临近秦淮河,通济门旁边就是著名的东水关。因此,船型的瓮城不仅具有军事防御的意义,更具有象征意义,寄托舟楫出行顺利,一切通达的美好愿望。

图193　南京通济门船型瓮城

图194　西安永宁门外的吊桥

　　由于古城的外面有护城河环绕,城门前的护城河道一般是凸出的弧形,这样就在城门前留出了比较大的空间。城门前的河道一方面形成了保护屏障,另一方面又造成了出行的不便。为了出行方便,就要在城门前的河道上

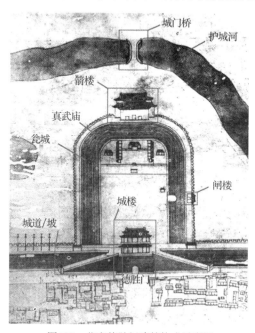

图195　北京德胜门建筑构成示意图

221

架设固定的桥梁,桥梁大多是平直的木桥或者石桥,很少有拱桥,因为拱桥形状既不利于车马通行,又阻挡视野。还有将船连在一起形成的浮桥。但是,固定的桥梁不好控制,增加了军事防御的难度。为了城池战时的安全,城门外正对的护城河上往往安设吊桥,吊桥横跨在门前的河道上,一般是木板桥,桥面离城门远的一段拴有绳索,在闸楼内通过滑轮、绞盘可以将桥面吊起或者放下。古城西安的永宁门从内而外有城楼、箭楼、闸楼,闸楼在最外面,闸楼外的护城河上有吊桥,吊桥是从此门出入城市的唯一通道。人们在闸楼里可以操作吊桥,白天可将吊桥放下,横跨于护城河上,供人们通行,晚上或者战时将吊桥升起,从而截断进出城的道路。

由于城门在坚固的城墙上打开了入口,对军事防御来说,就成为薄弱的地方。城门沟通内外,又是防御的关键。因此,控制城门的意义就显得更为重要。古代城门修建不仅仅是把它看作一个通道,还要考虑到军事防御、文化象征、门面装饰等作用。城门建筑不是一个简单的门洞,而是由包括城楼、瓮城、箭楼、闸楼在内的一系列和城门相关的附属建筑构成的。这些附属建筑与城门一道形成了以城门为中心的防御建筑体系。

参考文献

[1]〔明〕计成.园冶.北京:中华书局,2011.

[2]〔明〕李渔.闲情偶寄.杭州:浙江古籍出版社,1985.

[3]〔清〕顾炎武.历代宅京记.北京:中华书局,2004.

[4]李洁萍.中国古代都城概况.哈尔滨:黑龙江人民出版社,1981.

[5]〔日〕伊东忠太.中国建筑史.陈清泉,译补.上海:上海书店,1984.

[6]武复兴等.名城史话.北京:中华书局,1984.

[7]〔瑞典〕奥斯伍尔德·喜仁龙.北京的城墙和城门.许永全,译.宋惕冰,校.北京:北京燕山出版社,1985.

[8]罗哲文.中国古塔.北京:中国青年出版社,1985.

[9]刘天华.巧构奇筑.沈阳:辽宁教育出版社,1990.

[10]陈桥驿.中国七大古都.北京:中国青年出版社,1991.

[11]刘晔原,郑惠坚.中国古代的祭祀.北京:商务印书馆国际有限公司,1996.

[12]常青.建筑志.上海:上海人民出版社,1998.

[13]罗哲文.中国城墙.南京:江苏教育出版社,2000.

[14]楼庆西.中国古建筑二十讲.北京:生活·读书·新知三联书店,2001.

[15]罗哲文,刘文渊,刘春英.中国名祠.天津:百花文艺出版社,2002.

[16]李允鉌.华夏意匠.天津:天津大学出版社,2005.

[17]汪德华.中国城市规划史纲.南京:东南大学出版社,2005.

[18]马晓.中国古代木楼阁.北京:中华书局,2007.

[19]陆元鼎,陆琦.中国民居建筑艺术.北京:中国建筑工业出版社,2010.

［20］陈从周.梓翁说园.北京：北京出版社,2011.

［21］唐寰澄.中国古代桥梁.北京：中国建筑工业出版社,2011.

［22］梁思成.中国建筑史.北京：生活·读书·新知三联书店,2011.

高楼林立与城市空间·建筑

后　记

现代城市不断加快的建设步伐,曾使多少古建筑默默消失或者正在被毁坏,传统都市的面貌由此在一天天地退出历史舞台,淡出人们的记忆。对于老北京在现代大都市建设中的改变,萧乾先生曾这样发问:"今天,年轻的市民连城墙也未必见过。他们可知道民国初年街上点的是什么灯? 居民怎么买井水? 粪便如何处理? 花市、猪羊市、骡马市,当年是个什么样子? 东四、西单还有牌楼?"在萧乾先生的心目中,年轻的市民"未必见过"的那些东西,就是北京的传统。可是高楼林立、车水马龙、热闹喧嚣触手可及的现代都市,到底为传统留下了多大的生存空间呢?

2007年秋天我在北京,每天骑车往返于明光村公寓和北师大校园之间,途中必经之地是北京邮电大学。北邮的西门外是宽阔的马路,车流如织。抬眼望过去,马路的对面却有一片在城市中可以称作荒坡的地方,坡上长着树和杂草,略显荒凉。初次看到,我有些迷惑:北京,寸土千金的地方,怎么能让这么一块宝地闲置着呢? 后来走到明光桥下,我才看到荒坡尽头的一段土墙上写着:元大都城垣遗址。我恍然大悟,哑然失笑——为自己的无知。恍惚间,在现代化的北京城上空抑或地下,一座元代古城巍然屹立。当然,真正的元代古城是看不到了,不过,只要我有足够的历史知识,北京的形象就会在一瞬间层层叠加,历史的、现实的空间交错在心里。北京,就像一位沧桑的老人,从元、明、清一路走来,形象、面影,无比丰富,无比生动。那一刻,我感受到了历史,触摸到了传统,忽然心生疑问:城市到底在何处? 眼前、脚下、心里……

要说现代城市建设不重视传统、没有为传统建筑留出生存空间,似乎也不对。在各个城市都追求清一色的宽马路、霓虹灯、摩天大楼、住宅社区和繁华商业区等"千城一面"、同质化的建设中,大量古建筑被迫退守、损毁的同时,不少城市又以"传承文化""保护古建筑"的名义,用现代建筑材料快速仿造、重建、复原了数量众多的古建筑。"古建一条街",随处可见,仿古建筑,

后　记

HOUJI

225

遍地开花。但是这些仿古的建筑仍然摆脱不了现代建筑模式化的宿命,一样的建筑材料,过于整齐的街面,一致的屋檐、门窗,大同小异的工艺手法,处处透露着仿造出的假模假样来,徒具古式而没有古味。"伏其几而袭其裳,岂为孔子;学其书而戴其帽,未是苏公。"只模仿外在样貌的城市仿古建筑,即便拿腔拿调学得很像,也很难具有古建筑应有的神韵,很难找寻到传统建筑的文化性和精神气质。

一座传统建筑也许只有在它所处的古城中,才能获得真正的生命力,只有在与其存在相适应的传统文化生态中,才能追寻到建筑的文化性与精神内涵。就像宫殿是古代帝制文化的产物,其巍峨壮丽的建筑形式是王朝权力的象征,体现着皇家的威严与尊贵;坛庙建筑反映了古人的神灵观念,与古代社会尊卑长幼有序的宗法制度和敬天法祖的祭祀礼仪密不可分;园林建筑渗透着古人的自然观、审美观,他们将园林作为远离城市喧嚣、享受山林野趣的一方世外桃源来营建,这是一个充满隐逸气息和文人雅趣、能够修身养性、可游可居的空间;高台楼阁最初具有通神、望气、观天象的作用,也曾寄托着古人羽化成仙的愿望,还是古人登高远眺、寄情抒怀的场所;钟鼓楼理应坐落在一座古城的十字大道上,朝鸣夕响,浑厚悠远的钟鼓声,在古城的每个角落传响,关乎千万人家和城市门户的启闭,统合指挥着人们的行为。基于以上认识,我在本书的写作中,尽量将介绍的每类古建筑放回到"历史现场",在它们赖以生存的古代文化生态中,探讨每类建筑中体现出的古代人们共有的行为方式和集体意识,阐释建筑形式蕴涵的传统价值观和真正的文化内涵。

前辈学者和古建筑专家们精深的研究,为本书的撰写提供了丰富的可供借鉴的资料;兰州大学出版社编辑的精心策划和支持,使本书能够有机会出版;丛书主编杨晓霭教授的信任和频频敦促,是本书写作的原因和不懈动力;我的学生王明亮在本书的图片处理和文字校对方面,做了许多工作。谨向他们表示衷心的感谢!

传统建筑文化博大精深,本书介绍的内容很少、很浅,尽管本人在写作中始终保持小心谨慎、精益求精的态度,但由于知识和能力所限,难免挂一漏万,难免有不准确、不缜密之处,万望读者以宽恕的心态阅读,以挑剔的眼光批评指正。

罗立桂

2015年3月

中华传统都市文化丛书

传统信仰与城市生活：城　隍
服饰变化与城市形象：服　饰
饮食文化与城市风情：饮　食
高楼林立与城市空间：建　筑
交通变迁与城市发展：交　通
传统礼仪与城市修养：礼　仪
语言规范与城市品位：雅　言
歌舞文艺与城市娱乐：歌　舞

ISBN 978-7-311-04745-0

9 787311 047450 >

策划编辑　梁建萍
责任编辑　李　丽
封面设计　郇　海

定价：29.00元